道具を使うカラスの物語

生物界随一の頭脳をもつ鳥 カレドニアガラス

著 パメラ・S. ターナー
撮影 アンディ・コミンズ
挿絵 グイード・デ・フィリッポ
監訳 杉田昭栄
翻訳 須部宗生

緑書房

CROW
SMARTS
Inside the Brain of the World's Brightest Bird

by **Pamela S. Turner**
photographs by **Andy Comins**
with art by **Guido de Filippo**

HOUGHTON MIFFLIN HARCOURT
Boston New York

CROW SMARTS: Inside the Brain of the World's Brightest Bird
by Pamela S. Turner, photographs by Andy Comins,
 with art by Guido De Filippo
Text copyright © 2016 by Pamela S. Turner
Photographs copyright © 2016 by Andy Comins
Published by special arrangement with
Houghton Mifflin Harcourt Publishing Company, Massachusetts
through Tuttle-Mori Agency, Inc., Tokyo

Houghton Miffl in Harcourt Publishing Company 発行の
CROW SMARTS: Inside the Brain of the World's Brightest Bird の
日本語に関する翻訳・出版権は株式会社緑書房が独占的にその権利を保有する。

人間が翼を持ち黒い羽をまとっても、
カラスほど聡明になれるものは少なかろう。
〜 ヘンリー・ウォード・ビーチャー 〜

目次

1 カラスは小学2年生より賢いのでしょうか？　　7

2 小羽ちゃん　　11

3 職人ガラスの道具作り巡り　　27

4 チョキン、ビリ、チョキン　　39

5 メタ道具と心理操作　　51

6 故郷に帰る　　65

著者に聞く　　71
参考文献　　77
翻訳者あとがき　　78
解説　　80

ニューカレドニアの森。

カラスは小学2年生より賢いのでしょうか？

ムニン君には1つの課題が与えられています。

　彼は人間に追い立てられ、中に2本の止まり木が交差して置かれた大きなケージに入れられました。これらの止まり木の1本には、ひもが1本吊り下げられています。そのひもの先には1本の短い棒切れがついていて、空中にぶら下がっています。その短い棒切れには、止まり木から前かがみになっても届きません。さらに地面からでは高すぎて届きません。

　ケージのもう一方の隅には1つのテーブルがあり、その上に2つの箱が置いてあります。ムニン君は上を飛びながらそれらを観察します。箱のうちの1つは、アクリル製の幅の狭い長方形体をしていて、1方の端が開いていて、そこから中にある肉汁をたっぷり含んだ小さな牛肉の1切れが見えます。でも残念なことに、そのごちそうは、あの意地悪な人間によって、ムニン君のくちばしでは届かないところに置かれていたのです。

　もう1つの箱は木製で、その1つの面には、模型の牢屋のように、格子がはめ込んであります。この格子付きの箱の中にも、奥の届かない位置に1本の長い棒切れが置いてあります。

　このごちそうを手に入れるために、ムニン君には何ができるのでしょう。素早く考えなければなりません、――ムニン君にはそうすることしかありません。数分以内にその問題が解決できなければ実験はもう

カラスのムニン君はあるテストに向き合います。

7

ムニン君は短い棒切れをじっと見つめます。

終わってしまうのです。
　では別の問題を頭に描いてください。あなたは、幅の狭い筒の中に置かれたごちそうがいっぱい入った小さいバケツを見せられますが、その筒を動かすことはできません。そのバケツは筒の底にあり、バケツの取っ手にはあなたの指も（カラスのくちばしも）届かないからです。さて、ここであなたには一定の長さの針金が与えられました。急いでください。どう解決しますか？
　さらに別の実験があります。1本の筒の底に水が張ってあり、ごちそうが浮かんでいますが、ここでも届きません。でも近くに石ころがいくつかあります。さあ、どう解答しますか？ あなたはどのようにそのごちそうを手に入れますか？
　ムニン君のようなカラスたちが思いつく解決法にはあなたも驚くことでしょう。カラスには指はないかもしれませんが、機敏に動くくちばしと脚があります。さらにカラスには、たぐいまれな特別な、もう1つの重要な特性があります。それは周りの世界を理解する能力です。理屈立てて考え、記憶し、目標を心に留めておく能力です。それは想像し発明する能力です。ものを創り出す能力です。
　私たちはこの特性を「知能」と呼びます。
　さあ皆さん、青々とした森が茂り、カラスたちが天才ぶりを発揮するニューカレドニアにようこそ！

ムニン君には木製の箱の奥にある長い棒切れが届きませんが、アクリル製の箱の中にある肉塊を取るためにはそれが必要です。

小羽ちゃん（左側）は幸運な鳥です。カラスの雛のうちたった5分の1しか危険に満ちた最初の数か月を生き抜くことができません。強風で巣から落ちて犠牲になる雛もいます。オオタカに殺されてしまう雛もいます。

2 小羽ちゃん

ワァー・・・、ワァー・・・、ワァー・・・。

　こちらに近付いて来るにつれて、1羽のカレドニアガラスのおねだりコールが大きく聞こえてきます。するとその直後に、つややかな光沢を放つ2羽のカラスが私たちの目の前の丸太に降り立ちます。私たちはカモフラージュ・テントの隙間から彼らを観察します。

　若鳥（小羽ちゃん）の方は容易に見分けられます。それはワァー、ワァーとずっと鳴き止まないからです。小さい1枚の肩羽が、ふんわりと肩当のように、跳ね上がっています。もう1羽のカラスは、小羽ちゃんのパパかママに違いありません。こんなに子どもに鳴かれて耐えられるカラスは他には想像もできません。4本の脚がスタッ、スタッ、スタッと丸太を横切ります。私たちは、その日の早いうちに、朽ちかけた木部にドリルでいくつかの穴を開け、中に丸々と太って、おいしそうなカミキリムシの幼虫を入れておきました。カラスたちは中をのぞくために、光沢のある頭部をかしげます。私は彼らが「**しめたぞ、幼虫のステーキのありかに出くわしたぞ**」とでも考えているのかな、と想像します。

　小羽ちゃんは丸太の一方の端に陣取ります。ワァー・・・、ワァー・・・。

小羽ちゃんは1匹の幼虫を見つけます。

　親鳥は地面にピョンと降り、乾燥した1本の葉柄を拾い、飛んで丸太へと戻ります。

　そしてその葉柄をくちばしにくわえて、素早く鋭く穴を突いて探ります。数秒後、葉柄を落とし、穴の中にくちばしを突っ込みます。小羽ちゃんは試してみよう、とばかりにその道具を拾い上げますが、親鳥がさっと奪い返し、すぐ先をひっくり返しました。明らかにどちらの端を使って突いたらいいのか、自分なりの強いこだわりがあるようです。

　しかし小羽ちゃんの親はまだ不満足のようです。その葉柄を捨てると、さらにいい道具を探しに飛び出していくのでした。幸いなことに、森の地面は、棒切れ、小枝、乾燥した葉柄に覆われています。いわば、何でもそろうカラスのためのホーム

センターなのです。

　親鳥は（新しくてもっといいものでしょうか？）ともかく別の葉柄を持って戻ります。ブスッ、ブスッ、ブスッ。この突きは、おそらく皆さんがお考えになるような、幼虫を突き刺すことをねらったものとは限りません。そうではなく、カラスは穴の中の幼虫を焦らすために道具の先を使っているのです。カラスが幼虫の闘争心を刺激し、短くて太い幼虫の顎の間に道具の先を突っ込むことができさえすれば……。

　小羽ちゃんが役に立てることがあるとすれば、たった1つ、ただワァー・・・、ワァー・・・、ワァー・・・、と鳴き続けることだけです。

　巧妙な作業が4分ばかり続いた後、幼虫がブルドッグのように、このカラスの道具に食いつきます。小羽ちゃんの親は獲物を引きずり出します。それは大きく肉厚で、まさに幼虫の親分のジャバ・ザ・ハット（訳注：映画『スター・ウォーズ』に登場するキャラクター）といったところです。

　親ガラスはその獲物をつかむと、近くの立木へとさっと飛んでいきます。ワァー・・・、ワァー・・・、ワァー・・・と小羽ちゃんは鳴き叫び、必死に羽ばたいて親鳥の後を追いかけていきます。ワァー・・・、ワァー・・・、ワァー・・・、カラスの若鳥は、どこの子どもも知っているはずの技術、すなわちママやパパが最後は参ってしまうまで、ともかく哀れっぽい声で鳴き続ける術に習熟していたのです。

　すると案の定、すぐに、巣立ち後間もないカラスが、エサをもらうときに発するゴボ、ゴボ、ゴボ、という漫画っぽい声が、私たちには聞こえてくるのです。小羽ちゃんはエサをまんまとせしめたのです。

　その後、森は快適で静かな昼寝の時間帯に入ります。1羽の野生のハトのホー、ホーという鳴き声が遠くの山腹から聞こえ、かすかなそよ風が梢を静かに吹きぬけます。

　ワァー・・・、ワァー・・・、ワァー・・・、ワァー・・・。

　そうです。それは小羽ちゃんで、ほんの2分前に食べたばかりなのに、最後の氷河時代以来何も食べていないかのようなふるまいです。

小羽ちゃんの親がその道具を落とすと、小羽ちゃんが拾い、するとまた親鳥が取り返します。ママやパパを観察しながら、若いカラスたちは生き抜くために必要な技術を学んでいるのでしょう。

やった、成功です。カレドニアガラスが幼虫を見つけ道具を使って引き出そうとする場合の、食事にありつく成功率は 70 パーセントです。

焦らされた幼虫が葉柄（ようへい）に食いつく様子がわかるように、木部を切り開いてあります。

まだおなかがいっぱいにならないかわいそうな小羽（こはね）ちゃん。

道具を使う野生のカラスたち—それは考えてみれば驚くべきことです。ある意味ではこの道具使用は新しい発見だと言えますが、ある意味ではそうではありません。

1882年に、1人の科学者がニューカレドニアの鳥たちに関する報告書を書きました。彼はこの島のカラスたちは、ククイノキの実を「かなりの高さで持ち上げてから、割るために岩や固い木の根に落とすのだ」と主張しました。1928年には、フランスのある旅行本が、朽木から幼虫を引っ張り出すために道具を使うニューカレドニアのカラスを偶然紹介しました。しかしこれらの報告はどちらも注目を浴びることはありませんでした。

その当時は、科学者は人間だけしか道具を作り使う知能を持たないはずだと考えていました。道具の使用によって私たちだけが特別の存在だとされていたのです。人類の初期の祖先を研究した著名な科学者のルイス・リーキーも、道具作成こそ「"猿人"を単なる動物という段階から人間の地位に高めた1歩」であったと書いています。

ルイス・リーキーは、生きているサルたちを研究することで、科学者たちがサルに似た人類の祖先を理解する助けとなったらいいと考えました。彼は、動物好きな1人の若い女性に、今までに誰もやったことのない、野生のチンパンジーの研究をしてみないかと勧めました。彼女の名前はジェーン・グドールでした。

ジェーンは東アフリカの国、タンザニアに研究拠点を据えました。1960年の11月のある朝、ジェーンは、自らディヴィッド・グレービアド（灰色のあごひげを生やしたディヴィッド）と名付けていた1頭のチンパンジーが、ワラの1片をつまんでアリ塚に突っ込み、シロアリで覆われたワラを引き出すのを見かけました。このチンパンジーは、自分の口へとワラを持ち上げ、シロアリを少しずつかみとって食べたのです。

「サルが道具を作る！」ジェーンはすぐルイス・リーキーに電報を打ちました。彼は次のように答えました。「私たちは"人間"を定義し直すか、"道具"を再定義するか、さもなければチンパンジーが人間だと

チンパンジーは草の茎、棒切れ、石など様々な道具を使います。ニューカレドニアのカラスのように、彼らは他者を観察することで学んでいるようです。

©Steve Bloom/SteveBloom.com
HR data including HR Image provided by Houghton Mifflin Harcourt
Reproduced by permission of Steve Bloom Images, Kent, U.K.
through Tuttle-Mori Agency, Inc., Tokyo

口いっぱいにアメリカ・コサギをくわえたこのミシシッピ・ワニは、その鼻づらに乗せた棒切れを「誘いエサ」として使いました。ワニは、水際を歩く鳥たちが、巣作りのための素材を探す1年のこの時期に、鼻に棒切れを乗せることがあります。

オーストラリアのシャーク湾で、1頭のバンドウイルカがその道具である、バスケット型の海綿を水の表面に運んできます。海綿はバンドウイルカの生息地にはよく見られるものですが、海綿を道具として使うのはほんの一部のバンドウイルカだけです。「海綿の使用」は文化的な行為のようです。

いうことを受け入れなければならない」

　ジェーンの発見の後、他の科学者たちも様々な種が道具を使っている証拠を見出しました。いくつかのアリの種の中には、ハチミツや果肉などのやわらかいエサを運ぶために木の葉、木、土などの小さなかけらを使用するものもいます。数種のカニはとげ針を持つ小さなイソギンチャクを岩場から引き抜き、それをハサミではさんで振ることで、捕食者の攻撃をかわすこともあります。ワニの中には、鳥の巣作りの時期に、鼻づらに棒切れを「誘いエサ」として乗せているものもいて、サギやコサギがその棒切れを拾うために舞い降りると、その鳥がワニの昼ごはんになってしまうのです（狡猾さもこの程度に達すれば尊敬せざるを得ませんね）。オマキザルは植物の根を掘り起こしたり、木の実を割るために石を使います。西オーストラリアのバンドウイルカのある集団は、海底の岩に住む魚を探すときに額角（かぎ形のくちばし）を傷つけないために海綿を使います。

　これらの発見でいくつかの重要な疑問が生まれました。道具とは厳密にはどのようなものなのでしょうか。道具の使用は本当に知能の表れなのでしょうか。科学者は現在「道具使用行動」を、自分の身体の一部ではない物を使ってその他の物を操作すること、と定義しています。（鳥の）巣作りや（クモが）巣をかけたりするような建設的作業は、これには当てはまりません。木の枝を使いながらダムを作るビーバーも道具を使っているわけではありません。でも、もしビーバーが枝を切るためにチェーンソーを作動しているところを見かけたとしたら、それはまさしく道具の使用なのです。そんなときはぜひそのビデオを撮ってみてくださいね。

　では、道具を使用することは常に知能を有することに相当するのでしょうか。科学者たちは道具使用行動の中には「プログラムに組み込まれた」ものもあるし、「融通

性を持つ」ものもあると考えています。アリやカニなどに見られるような、プログラム化された道具使用は、個体間での差はなく、種のどのメンバーにもはっきりと現れます。それは本能的なものなのです。でも融通性のある道具使用はそれとは異なります。その種のすべてのメンバーが道具を使用するわけではなく、道具を使う方法もときも、個体間で異なります（もし皆さんがあの狡猾なワニはどうかとお考えなら、ワニが棒切れを［ただ乗せているだけで］「**つかんで**」いるわけではないことから、その行動が本当の道具使用なのか科学者たちの間で議論の対象となっていますし、この行動が本能的なものかどうかも議論の余地があるところです。いずれにせよ、科学者たちは、ワニが誰もが考えるよりもはるかに利口であることを理解し始めているのです）。

野生動物による融通性のある道具使用はまれにしか見られません。これまでノドジロオマキザル、ゾウ、チンパンジー、バンドウイルカ、カレドニアガラスなど数種に観察されているだけにすぎません。さらにまれなのは、単に道具を**使う**能力でなく、道具を**作る**能力です。この道具作成能力の部門では、ニューカレドニアのカラスは、ジェーン・グドールの有名なチンパンジーを含む、人間以外のすべての動物をしのぐほどの輝きを放っていると言えるでしょう。

カラスのよってこじ開けられ、捨てられたククイノキの実の殻。

数日前のこと、ギャビン・ハントは、実際のカラスの道具使用を私たちに披露するために、写真家のアンディ・コミンズと私を、あるニューカレドニアの森に連れていってくれました。私たちは、こぎれいなトタン屋根の学校と、その道沿いに小さな公園のあるサラメア村を、車で通り過ぎていきました。そして道路が行き止まりになると、私たちは上り坂を徒歩でククイノキの林を目指しました。

ククイノキの木は、カレドニアガラスに豊富な食糧を提供してくれます。ギャビンは、「この木のおかげで1年中、幼虫と実には事欠きませんが、両方とも採るのが少し難しいのです。でもコツがわかればうまく食べられます」と説明してくれました。

ギャビンはククイノキの枝の股を私たちに見せました。その股の真下にあった大きな石には、ククイノキの実と、人間によってニューカレドニアに持ち込まれたカタツムリの、割れた殻が散乱していました。「木の実やカタツムリを割るためには、どこでもいいから石の上をめがけてただやたらに落とすのではなく、カラスたちはそれを枝の股に置いてから、そこから押し出して落とすのです」とギャビンは上を指さしながら説明しました。「カラスは落下の狙いを定めています。これは道具使用ではありませんが、彼らの行動がいかに融通性のあるものかを示しています」。しっかり狙って落下させることにより、近くのやわらかい土の上に落とさずに、木の実やカタツムリが確実に石に当たるようにしているのです。

（これは古典的な道具使用ですが）私は石でククイノキの実を砕き中身をかじってみました。「ゲェッ！　土のような味がします」。私は吐き出しました。

「こちらを食べてみてください」とギャビンは勧めました。礼儀正しい彼はあえて指摘はしなかったのですが、私がさっき食べたのは腐ったククイノキの実だったのです。

1羽のカラスがククイノキの実を樹木に運んでいき、その落下位置の狙いを定めるために枝の股を使っています。

　新鮮なククイノキの実は、マカダミアナッツとヤシの実の中間のような味がします。私はもう1つ割ってみました。
　「そうですね。でも私ならあまりたくさんは食べませんね。1種の下剤なのですからね」とギャビンは言いました。
　今日はこれからずっとあなたはトイレの中に身を寄せ合って過ごすかもしれませんよ。それとも、茂みの根元で身を寄せ合って……、と言うのではどちらの方がましに聞こえますか。
　ギャビンはククイノキの樹木に囲まれた小さな空間を選び、私たちにエサ場の設定方法を示してくれました。エサ場によって、カラスたちがすぐ近くまで来てくれて、詳しい観察ができます。私たちは簡易組み立て式のブラインドを立ち上げ、倒木の丸太を引きずってきて前に置きました。ギャビンは丸太の端から端に、深くて幅の狭い穴をドリルで開けていきました。次に必要なものは、中に入れる幼虫でした。
　私たちは近くで朽ちかけている1本の巨大なククイノキの丸太を見つけました。バールを揺らしながら、ギャビンはカラスが朽木の中にいる幼虫を、どのように見つけるのか説明してくれました。「彼らは、まず内部で幼虫がムシャムシャと食べまくる音を聞きつけるのです。すると彼らは道具を持ってきて、それを穴や割れ目に突っ込むのです」
　いったん朽木が割れると、中から幼虫が詰まった居心地のよさそうなトンネルがいくつか現れました。私たちはその幼虫を1匹ずつ引き抜き、プラスチックの箱に入れました。私たちには、何日も続くカラスの観察のために、大量のカラスの誘いエサが必要でした。カラスたちがこのエサ場に慣れてしまうころには、ギャビンは数羽のカラスの捕獲を試みるつもりです。彼は試してみたい新種のカラス獲り用のネットを設計し作成もしていたのです。
　ギャビンは物静かで、何をやらせてもうまい、有能な男性で、ほんの少しの道具があれば、原野を生き抜いていけるようなタ

イプの人間です。彼には、研究するカラスにいくぶん似たところがあるのです。

　ニュージーランドのある農場で育った少年として、彼は多くの時間を野外で過ごしました。20代で、野生動物観察のためにアフリカに旅立ちました。その後いったんは家業の牧場に戻りましたが、彼はある夢を抱き続けました。それは野生動物の保護管理者になりたいというものでした。

　ギャビンは30歳になり、ようやく大学生活をスタートさせました。そして1993年に生態学の博士号を取るための研究を行っているときに、カレドニアガラスに関するある驚くべき発見をしたのです。それは偶然起きました。

　ギャビンは次のように説明しています。「もともと私はカラスの研究をしていたわけありません。私はカグー（カンムリサギモドキ）の研究していたのです」

ギャビンは、持ち運びのできるブラインドから行う、1日がかりのカラス観察のための準備をします。

ククイノキの朽木を割ると中からカミキリムシの幼虫が現れます。ギャビンはこの肉汁たっぷりの「カラスのエサ」を釣り用のタックル・ボックスに貯めていきます。

18

野生のカラスはたいへん警戒心が強く、深く茂った森では追跡が難しいのです。このようなエサ場によって、科学者たちはカラスをすぐ近くから観察できます。

　カグーとはニューカレドニアにしか見られない珍しい鳥です。ギャビンはそれが何羽残っているのか知りたいと思いました。このほとんど飛べない（滑空はしますが飛べません）カグーは、深く茂った森の中では見つけるのが困難なので、鳴き声の数を録音することでその数を数えました。カグーの鳴き声がより多く聞こえたエリアが、おそらくカグーの生息数の多いエリアだったのでしょう。こうしてテープレコーダーを持ちながら、やぶを歩いて行くと彼はよくカラスを見かけました。

　1992年の6月、彼はニューカレドニアの南部のモン・ズマック近くで研究していました。ギャビンは1羽のカラスが明らかに何かを釣り出そうとして、穴に棒切れを突っ込んでいるのを見かけました。1972年と1980年に科学者たちが、道具として棒切れを使うカレドニアガラスの簡単な記事を発表していたものの、この行動は科学界にはあまり知られてはいませんでした。ギャビンは心を奪われる思いがしました。ここには、ジェーン・グドールの有名なチンパンジーのように、道具を使うカラ

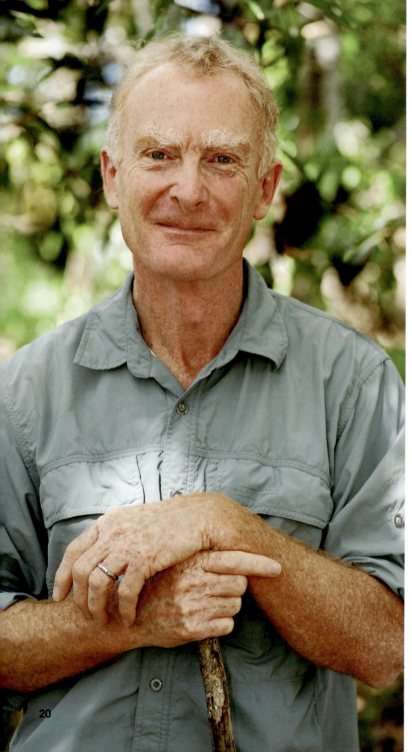

世界には約 1,000 羽のカグーしか残っていません。この鳥は希少なだけではなく、遺伝子学上特異なのです。他に近縁種が存在しません。

スがいたんだ!
　その瞬間から、ギャビンはカラスに特別な注意を払うようになりました。1993 年の 2 月 9 日に、彼はフィールドノートに次のように書きました。
　タコノキ（1 種の植物）製の道具をくちばしにくわえた 1 羽のカラスが木の枝にいたが、……数分すると、一方の先にフックの付いた棒切れ状の道具を持った、もう 1 羽のカラスもやってきた。このカラスは 1 本の水平の枝を調べていたのだが、その調べが進んだ場所までは、私には見えなかった。その後、両方のカラスは自分のかたわらに道具を

ギャビンは言っています。
「カラスにはずいぶん個性があります」
「私は彼らが家族集団で生活していて、互いの世話をし合うところが好きなのです。彼らはたいへん私たちに似ているのです」

置いた。私が手をたたくとカラスは2羽とも飛び去った。でも2羽目はその道具を拾っていった。私は、つると枝の間に引っかかっていた1羽目のカラスが使ったタコノキの道具を回収した。すると調べていた先には黒い汚れがついていた。

ギャビンはできるだけ多くのカラスの道具を集めようとしましたが、カラスたちは科学のために道具を寄贈することを拒むことも何度かありました。シーッと追い立てられ道具を置き去りにされると、カラスたちはときには怒って激しく鳴きながらギャビンの後を追い回したりしました。

彼の集めた道具の持つ多様さが、カラスの本物の発明の才能を示していました。まっすぐの棒切れもありました。小枝でできていて、フックを作るために一方の先が注意深く切り取られ、削られている道具もありました。また他にも、タコノキの長くて、堅い、へりにかえしが付いた葉からはぎ取られた、断片でできているものもありました。しかしこのタコノキの道具は、ただ無作為にはぎ取られたものではありませんでした。幅の広いものもあれば狭いものもありましたし、入念に階段状に裂かれたものもありました。この段の付いた道具は一方の端が（カラスがくちばしでくわえるのに都合がいいように）厚くて堅くなっていて、もう一方の端は、（裂け目に突っ込みやすいように）より薄く、曲がりやすくなっていました。そして段の付いた道具は、タコノキの葉の縁に沿って並んでいるすべてのかえしが（虫やクモを引っかけやすいように）上向きになるように作られていました。

カレドニアガラスの道具使用の観察はたいへん興味深いものでした。しかし、**手作りした**道具から多目的ベルトのような使用価値を、カラスたちが創造しているのを発見したこと、それは実に驚くべきことでした。

どのようにしてカラスはそんなに賢くなったのでしょう。

カレドニアガラスの「道具箱」には次の物が入っています。(写真の上から下へ) ①タコノキ製の段付きの道具、②タコノキ製の幅の狭い道具、③タコノキ製の幅の広い道具、④フック付きの棒切れ、⑤ほぼ直線的な棒切れです。人間を除けばカレドニアガラスは、フック付きの道具を作る唯一の動物です。棒切れ状道具のフックはカラスによって作られたものであるのに対し、タコノキ製の道具のフックは葉先に付いた自然のかえしです。

私たちはブラインドから丸太を見つめます。数時間すると、小羽ちゃんが親鳥と一緒に戻ってきます。この若鳥は、事前に私たちが幼虫を詰めておいた穴の中をのぞき込みます。

ワァー・・・、ワァー・・・。

小羽ちゃんは成鳥の1羽が残していった葉柄を拾います。この幼い鳥は、口に茎をくわえながらも何とか鳴き続けます。ブスッ、別の穴に移動し、ブスッ、ブスッ、移動してまたブスッ、そうしてずっと丸太に沿って親鳥の方に向かって移動し続けるのですが、それはまるで、「**見てよ。がんばってやってるんだけどうまくいかないんだ。助けてよ**」と言っているようです。

きっかり**17秒間**がんばった後、小羽ちゃんは葉柄を捨てます。すると親鳥がそれを拾い上げ、あたかも携帯用削岩機を抱えるようにして穴の中を突き始めます。小羽ちゃんはその行動を見るために近づき、エサをねだり続けます。それは、自分がさっき鳴いた20回ほどの鳴き声をママかパパが万が一、聞き逃しているといけないからです。

小羽ちゃんのようなカレドニアガラスは、小規模で安定した、思いやりのある家族の中で育ちます。ママとパパは生涯添い遂げます。彼らは木の枝の高い位置に巣を作り、ママは2～3個の青味がかった、褐色の斑点のある卵を産みます。ママは卵を抱き、エサはすべてパパが運び入れます。小羽ちゃんは、孵化後約1か月で、おそらく兄弟や姉妹とともに、巣立ったはずです。ほとんどの鳥の種では、雛鳥は巣立ち後すぐ独立します。しかし小羽ちゃんのような若いカレドニアガラスはおそらく1年間ほど（次の繁殖期まで）、あるいはそれ以上の間、ママとパパの許を離れないようです。どうやら道具使用には長い見習い期間が必要なようです。

小羽ちゃんは確かに親の幼虫釣りの努力に細心の注意を

棒切れを使い幼虫を釣り上げる方法を学び取ることは、自分の名前を書く学習に似ています。それには練習と忍耐が必要なのです。

カミキリムシの幼虫（左）は約2年間、木の内部を食い進みながら過ごし、やがてゆっくりさなぎ（右）に、そして最後に成虫に変わります。

もうちょっとの所まで出てきたよ。ギャビンはかつて1羽のカラスが、45分もかけて幼虫を焦らして釣り上げようとしているのを観察したことがあります。しかしかけた努力は、そのご褒美を得る価値に匹敵するほどたいへんなものでした。平均的な大きさの幼虫が3匹あれば、1羽のカラスが1日生きるためのエネルギー量となります。

払っています。幼虫の頭が現れます、……そしてまた下に落ちてしまいます。オーッと。親ガラスは小羽ちゃんを一瞬見つめると、また突き始めます。ブスッ、ブスッ、ブスッ。

親ガラスは一瞬動作を止めます。葉柄の道具を引き抜き、周りを見回し、穴の中を探り、また止めます。そして意図的に道具をひっくり返して別の先を試します。ブスッ、ブスッ、ブスッ。小羽ちゃんの親が葉柄を拾い上げるときは、いつも道具を決まって顔の同じ側面に沿って持つのですが、それは左側です。

数十羽のカラスを捕獲し標識バンドをつけ、個々のカラスの道具の使い方を観察することによって、ギャビンと彼の同僚たちはカレドニアガラスには、いわゆる「利き手の傾向」があることを発見しました（カラスには手がないので科学用語では「左右差」と言います）。私たちは右手か左手のどちらかを使ってものを書きますが、カレドニアガラスも道具を、顔の右側か左側のどちらかに向けて持つのです。

小羽ちゃんの左利きの親鳥はしつこくがんばり続けます。何度も何度も幼虫は上がってきますが、すべり落ちてしまいます。捕まえにくい、ちびっこめ！そしてようやく、幼虫の体のかなりの部分が現れ、小羽ちゃんは飛びかかります。でも親鳥には苦労して手に入れた昼飯を、譲るつもりなど明らかになかったようです。というのは小羽ちゃんに向かって突進したからです。でも手遅れでした。小羽ちゃんは幼虫をがつがつ食べています。ムシャ、ムシャ、ムシャ。

そしてその直後、（こうなるのはわかっていたのですが、案の定！）聞こえてきたのは、ワァー…、ワァー…、ワァー…、という鳴き声でした。

ニューカレドニア

ニューカレドニアは、南太平洋に浮かぶはるか遠くの諸島です。そこは、カナク人が住み着いて少なくとも 2,800 年ほどになります。イギリスの探検家、キャプテン・ジェームズ・クックが 1774 年にこの地を訪れ、1853 年にはフランスがこの島々を自らの植民地だと主張しました。ニューカレドニアは現在、フランスの海外領土で、その 25 万人の住民はフランス国民です。ほとんどの人々は、アメリカのコネティカット州よりは大きく、ニュージャージー州よりは小さい島である本島のグランドテールに住んでいます。青々とした山々が島の中央部に背骨状に連なり、低地に茂るやぶが沿岸を縁どっています。

人間による野焼きはニューカレドニアにおける森林喪失の主な原因です。

世界の熱帯の島々の中で、ニューカレドニアは生物の多様性（異なる種の数およびユニークさ）が最も豊かな島の 1 つです。この島にある 3,425 種の植物のうち、2,541 種（74 パーセント）は他のどこにも見つかりません。ニューカレドニアの樹木のいくつかは、6,500 万年前の恐竜時代に世界を覆っていたものの近似種が、最後まで生き残ったものです。

またニューカレドニアには多くのユニークな爬虫類がいて、ニューカレドニアで見られる 71 種の爬虫類のうち、62 種（87 パーセント）はそこにしか生息していません。そして 175 種の鳥類のうち、21 種はこの島独自のものです。もしカレドニアガラスを見たければこれらの島々を訪問するしかないでしょう。

驚くべきことは沖合にもあります。ニューカレドニアを縁どるように広がる浅瀬は、457 種のサンゴ、1,695 種のスズメダイ科の魚の住処になっています（これと比較してみると、カリブ海全体でも 60 種のサンゴ、600 種のスズメダイ科の魚しかいません）。

残念なことに、今ここの生物多様性が脅かされています。この島には比較的住民は少ないのですが、1989 ～ 2009 年の間に、ニューカレドニアはその森林の 29 パーセントを失いました。この森林喪失のほとんどは野焼きによるものでした。ハンターたちは野焼きを行いますが、そうすることで、焼き払われた土地に新たに生えてくる植物を目当てにルサジカや野ブタが寄って来て、彼らの狩りが容易になるからです。ルサジカや野ブタはニューカレドニアの生態系を壊し、土着の植物や動物を脅かす外来種です。環境保護主義者たちは、野焼きと侵入種の両方を規制する新しい方法を見出そうとしています。

カレドニアガラスは、小枝、葉柄、乾燥した草、とげのあるつる、タコノキの葉など、様々な素材から道具を創り出します。飼育下では、ときに彼らは捨てられた段ボール紙や自らの抜け落ちた羽を使うことがあります。

3 職人ガラスの道具作り巡り

皆さんは、知能は大きな利点であるとお思いでしょうね。つまるところ、(もし成功を生息数の多さと定義するのなら)私たち人間は大きな脳を持ち、大成功を収めました。ではなぜ進化によって、賢さが際立つ何千もの種が生み出されなかったのでしょう。

自然淘汰による進化とは、すべての世代で個体が異なることを意味します。環境に最も合った資質を持つ個体が生き残り繁殖し、環境にあまり合わなかった個体より、もっと多くの子孫を残します。結果として、種が生き残る助けとなる資質が全個体群中に広がっていきます。

大きくて複雑な脳こそが常に助けとなる資質であるように思われます。それならば、賢い個体が生き残るべきではないのでしょうか。馬鹿な個体は抹殺されるべきではないのでしょうか。35億年もの間、生物体は地球上で進化してきました。なぜ大きな脳を持つサメがサーファーたちと和平協定を取り交わすところを私たちは見ることがないのでしょうか。どこに、大型の脳を持つリスたちが**アメリカの人気テレビクイズ番組のジェパディ！**で競っているというのでしょうか。

後でわかったことですが、大きな脳は通常は必要ないのです。クラゲは、脳が全くないのに自分のすべきことをこなします。サメの脳は小さいのですが、何億年もの間生き抜いてきました。問題が起きなければ修理する必要もないのです。

大きな脳は進化するのが容易ではないのですが、それは大きな脳は高くつくからです。芝刈り機よりレーシングカーの方が燃料をたくさん燃焼するように、脳組織は他の身体組織よりもより多くのエネルギーを消費します。大きな脳は、それが消費する余分なエネルギーのための支払いが必要となるのです。

多くの燃料が必要であるということに加え、脳のサイズは動物の生活や繁殖方法によって他の点でも制約を受けます。もし鳥の体重に対する脳の割合が高ければ、飛翔の空体力学がうまく働かず、上手に飛べません(また鳥に歯がないのも同じ理由です。歯は重いし頭部の重量オーバーにつながるのです)。人間の身体にも制約はあります。赤ん坊の頭蓋骨は(それで、中にある脳も)あまり大きくなることがないのですが、それは誕生のときに、母親の骨盤を出る際には赤ん坊の頭のサイズはそれに見合ったものでなくてはならないからです。

大きな脳は珍しいのです。進化した、大きくて複雑な脳を持つ哺乳類としては、霊長類(サルや大型類人猿)、クジラ目(クジラやイルカ)、それからゾウがいます。鳥類の中では、体の

左利き母さんと小羽ちゃんが近くの枝からエサ場を見つめます。カラスは好みの道具をあちこちに携帯したり、食事をするときにはなくさないように、自分の脚の下に隠したりします。

大きさに対し最大の脳を持つのは、オウムとカラス科の鳥（カラスやワタリガラスを含むグループ）です。

　2億8千万年前の、哺乳類と鳥類の最後の共通の祖先がいたころまでさかのぼると、脳力の面でほぼ確実に劣る爬虫類に会えます。この共通の出発点から、哺乳類は1本のラインに沿って進化し、鳥類は別のラインに沿って進化してきました。しかし一部の哺乳類や鳥類の種は最終的に大きくて複雑な脳を持つようになりました。異なる種が異なる道筋をたどり、同じような地点に到達し終えると、科学者たちはそれを「収斂進化」と呼びます。

　不思議なことに、身体や脳の構造は大いに異なるのですが、カラスと人間は、ほぼ同時期に、そして同じような理由で、より複雑な脳へと向かう道をたどってきたのでしょう。

おもちゃ屋さんでよく見られる人間の子どもの仕草のカラス版。

話は、あの丸太に戻りますが……、

小羽ちゃんと左利きの親ガラスはもっと多くの幼虫を獲ろうとしていました。この左利き母さんは、葉柄を拾い上げ、少し穴を探ったかと思うともう一方の先を試そうとひっくり返します。すべての行動がきびきびしていて正確です。

小羽ちゃんは左利き母さんの頭上をひと飛びします。ワァー・・・、ワァー・・・、小羽ちゃんは羽毛を膨らませ、赤ちゃん鳥の典型的なおねだりポーズで翼を震わせます。それは左利き母さんが鳴き声を聞いてないといけないからです。

数分後、小羽ちゃんは自分のやり方が何とかうまくいっていると気づいたようです。小羽ちゃんは飛び降りて葉柄をくわえ戻るのですが、それをすぐ落としてしまいます。この若鳥は歩いて近づき、左利き母さんが探っている穴を、黒く光る好奇心あふれる目でじっとのぞき込みます。

左利き母さんは葉柄をそばに捨てると、もっといいものを探すために地面にピョンと降ります。小羽ちゃんは戸惑ったようです。でも小羽ちゃんは、新しくてさらにいい葉柄をすでに手に入れているようで、作業に取りかかります。左利き母さんは葉柄の先をポキンと折り、ひっくり返し、調べ、またひっくり返します。しかし穴の中の幼虫は葉柄に食いついてはくれません。小羽ちゃんは左利き母さんをせかせます。ワァー・・・、ワァー・・・、ワァー・・・。

他のカラスの種と似ていますが、左利き母さんや小羽ちゃんのようなカレドニアガラスのくちばしの方がよりまっすぐなのです。彼らの目の方が大きくてより前面を向いていて、より優れた両眼視的な視野が得られます（「両眼視」とは「２つの目の視野が合わさっている」ということです）。各々の目は一定の

小羽ちゃんが幼虫釣りを試みます。

カレドニアガラスは先細のラジオペンチに似た、まっすぐなくちばしを持っています。

（このアメリカガラスのような）その他のほとんどのカラスには、少し下方に曲がったくちばしがついています。

29

視野を持ち、2つの目の視野が重なると、それは立体的な視野になります。この立体視によって、より奥行きのある空間の認識が可能となります)。科学者たちの考えでは、これらの違いは道具使用の結果として進化したのだろうとのことです。

　それはこんなふうに起きたのかもしれません。私たちには(すべての種の個体同様)カレドニアガラスの個体にも、互いに違いがあることがわかっています。少しだけ他よりまっすぐなくちばしを持っているものもいるし、目が大きかったり小さかったり、少しだけ、より前の方についていたり、より側面寄りについているものもいます。そして少しだけよりまっすぐなくちばしとか、少し大きくて前の方に付いた目の方が、おそらく道具使用のときには作業が楽だったのでしょう。よりまっすぐなくちばしの方が、よりしっかりと道具がつかめます。より前面を向いた大きめの目によって、くちばしにくわえた棒切れの先をよりしっかりと見ることができます。そのため、まっすぐなくちばし、大きな目、前を向いた目を持つものがより優れた道具使用者となったのでしょう。彼らの方が食べ物にも困らなかったし、多くの子孫を育てられたし、他のカラスより勝っていて、よりうまく環境に順応しました。やがて何世代も経て、まっす

人間もカレドニアガラスも道具をしっかりつかめ、正確に誘導できます。

30

ぐなくちばしと前を向いた目がニューカレドニアに住むカラスの個体群全体に広がっていきました。

　そうです。カラスは道具の形を作りますが、道具がカラスの形を作ることもありうるのです。

　残念なことに、選んだ道具が常にうまく役立つとは限りません。左利き母さんは使っていた葉柄を捨てて再び地面に飛び降りますが、それはちょうどいいレンチを探す機械修理工が、合わない道具をあたりに投げ捨てているかのようです。小羽ちゃんは左利き母さんの古い道具を拾い上げると穴の中を探ります。今度は小羽ちゃんは探る前に確かに見ているし、少しは考えたり努力をしているようです。小羽ちゃんは「左利き」でしょうか、それとも「右利き」でしょうか。この若鳥は常に棒切れの先そのものをくちばしの中にくわえ込んでいるので、それはわかりません。

　左利き母さんはＹの字型の小枝を持って戻ります。これは面白い選択です。穴の中にその小枝を合わせるには形を調整する細工が必要でしょう。左利き母さんはＹの字の一方の先をポキンと折り、それから棒切れのまっすぐな部分を少しだけ折りました。左利き母さんは1回調べてみて、できた棒切れが短すぎると認識すると捨ててしまいます。その間、小羽ちゃんは丸太に沿って移動し、穴をのぞき、ブスッ、ブスッ。穴をのぞき、ワァー・・・、ワァー・・・。小羽ちゃんは挑戦中です。

　再度、森の地面で道具探しをした後、左利き母さんは細枝がたくさん付いた小枝を持って戻ってきます。今度はさらなる形の加工が必要でしょう。ポキ、ポキ。左利き母さんは頑固な庭師のように剪定します。その結果、長くて少しカーブした棒切れ状の道具ができました。

　ワァッ、ワァッ。

　どこか遠くで、別のカラスの「呼びかけのコール」が聞こえます。つまりカラスの「**おーい！私はここだよ**」に当たる呼びかけ方です。左利き母さんはそれでも新しくできた棒切れ状の道具をくわえながら、返事として1度ワァッと鳴きます。カラ

カレドニアガラスは、股状の枝を折ったり形を加工したりすることで、フック付きの道具を作ります。

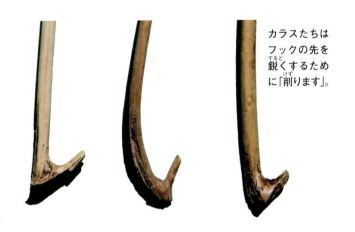

カラスたちはフックの先を鋭くするために「削ります」。

スの家族は互いが見えないときでも、しっかり連絡を取り合っています。もし1羽のカラスが警戒心を抱くと、このワァッという鳴き声は、その警戒のレベルに応じて、より鋭く、また鳴き声の間隔が短くなります。人間（の出現）は通常、警戒事態の段階に当たります。タカは緊急事態のコードで、ワァッ、ワァッ、ワァッ、ワァッ！

ワァー・・・、ワァー・・・、ワァー・・・、小羽ちゃんは哀れっぽく鳴きます。どのカラスも、少なくとも自分の家族の赤ん坊がどこにいるのか常に把握しています。

小羽ちゃんは道具を横に置き左利き母さんを見つめます。数回調べた後、左利き母さんは棒切れ状の道具を取り出しもう1回調整を施します。ポキッ。これで先端の曲りがより鋭くなります。フックとまではいかないかもしれませんが、かなりそれに近づいています。左利き母さんは、棒切れで穴の中から小さな1口分の何かを引きずり出して、それをついばみました。どうやら「幼虫が棒切れの先に食いつくまで突く」技法はやめ「間抜けな奴は串刺しにする」という荒っぽい方法に変えたようです。小羽ちゃんは穴の中を熱心にのぞき、もう1度おねだりをするために肩を上げました。

左利き母さんはまた別の小さいかけらを引きずり出します。穴の底はかなり幼虫だらけに違いありません。

今まで以上に激しく突きまくり、左利き母さんは道具のフックの付いた先で、てこを使うようにして幼虫を引き出します。親鳥は素早くくるりと小羽ちゃんに背を向け、丸々と肥えた幼虫をくちばしからぶらつかせながら飛び去ります。小羽ちゃんは哀れっぽくワァー、と鳴きながら後を追います。

今度のものと先ほど小羽ちゃんによってひったくられたものの、合計2匹の大きな幼虫を左利き母さんが引き抜くのに、約40分間の渾身の努力を要しました。その間ほとんど、小羽ちゃんは、熱心に観察するか、明らかに親を真似して道具をいじくっていました。小羽ちゃんはこうして自宅教育を受けていると言えるでしょうね。

科学者たちは（人間、チンパンジー、イルカ、カラスのような）**すべての賢い種は、**集団で生活していることに気づきました。いったい社会生活は知能とどんな関係があるのでしょう。

これらの種のすべてにおいて、集団生活はおそらく捕食者に対する防衛手段として始まったのでしょう。多くの目で見張っていれば、やぶの中に潜むヒョウ、深みにいるサメ、または空を飛ぶタカを発見しやすくなるでしょう。さらに単独個体の獲物なら必ず攻撃できる捕食者も、特に種のメンバーが集団で力を合わせて、反撃し追い払うようなことになれば、大きな集団を攻撃するのをためらってしまうかもしれません。

いったん動物たちが防衛のためのコミュニティーを作ってしまえば、他の可能性が広がってきます。グループのメンバーが協力してエサを見つけ、分け合うことができます。彼らはまた最も魅力的なつがいの相手を求めて競い合うこともできるでしょう。協力するにしても、競い合うにしてもグループの他のメンバー同士、認識し合い、記憶し合い、交渉し合い、意思を伝え合えればそれは利点となります。そしてそれには頭脳の力が必要となるのです。

科学者たちは、このような人間、チンパンジー、イルカ、カラスなどの強固な社会生活が彼らの大きくて複雑な脳の進化を駆り立てたと考えています（この考えは社会的知性仮説と呼ばれます。仮説とは提案された説明のことです）。エサを見つけるという難題もおそらく知能の進化に関係があるでしょう。科学者の中には、より多くの種類のエサを食べ、それらのエサにありつくために一生懸命努力しなければならない種の方が、より大きな脳を進化させる傾向があると考えている者もいます（この考えが技術知性仮説です）。

社会知能と技術知能がともに協力し合い、スイス・アーミーナイフ（万能ナイフ）のように鋭く、万能な脳ができるのでしょう。

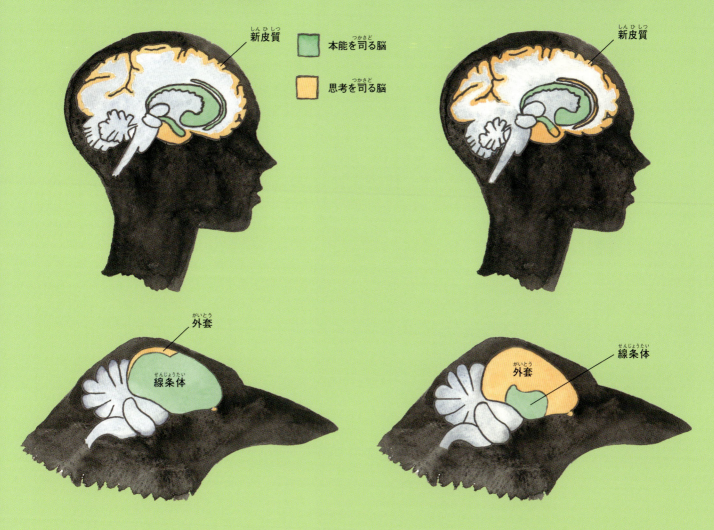

哺乳類では、複雑な思考は脳のしわ状の表面である新皮質で行われます。鳥類にはこの新皮質がないので、科学者たちは、鳥たちは考えることはせず、ほぼ本能に頼っていると考えてきました。しかし脳のでき方は1つとは限りません。科学者たちには、現在では鳥の脳の別の部分（外套）が哺乳類の新皮質に似た働きをすることがわかっています。鳥の脳は原始的どころか、単に仕組みが異なるだけなのです。

ククイノキはカラスのために豊かなエサを供給してくれますが、その実は堅くてなかなか割れないし、幼虫は朽木から取り出すのが容易ではありません。

　人間およびカラスについて考えてみましょう。初期の人間の祖先と初期のカラス種はともに、およそ500〜1,000万年前に出現しました。その間には多くの気候変動が起こりました。氷河時代の寒さも強弱を繰り返しました。一定の季節に一定の場所で獲れた食糧が突然消えてしまったり、水源が干上がってしまうこともありました。森林が草原になったり、草原が低木地に変化したりしました。また低木地が緑を増し森林に戻ったりしました。彼らの挑戦は厳しくも単純なものでした。順応するか、死ぬかです。

　このような変動の激しい環境が、おそらく人間とカラス双方における知能の進化を駆り立てたのでしょう。社会生活はさらに重要なものになっていきました。私たちは食糧を見つけると集団の仲間たちに呼びかけますが、すると彼らはその恩に報いてくれます。社会生活の様々な要求によってすでに複雑化されていた脳は、どのように食糧のありかを見つけそれを活用するかなど、その他の問題に向けることもできました。人間とカラスの祖先は融通性を持ち、創造性に満ちた食糧調達者で、私たちの得意分野は1つの物に集中することではありませんでした。私たちはえり好みはせず、種子、果実、昆虫の幼虫、ライオンの食べ残しなど何でも食べました。

　これらの特性は、人間やカラスが生き残り、成功し、生息範囲を広げる助けとなりました。それ以来、私たちは、スターバックスやマクドナルドのように世界展開の活躍をするようになりました。

　確かに、人間はユニークな存在です。私たちはその他のすべての種に先んじて、脳を使い世界を変革してきました。私たちは、車、道路、歩道などを作り出します。カラスはそのようなことはしません。しかし今でも新しい環境や食糧源を活用することに長

けています。日本のある地域に住むカラスたちは、クルミの実を交差点に置き、通り過ぎる車にひかせて殻を割っています。歩行者用の信号が点灯すると、カラスたちは、その実を食べるためにそろそろと歩いて行くのです。

　一部の人たちは、「羽毛の生えた類人猿」と呼んでカラスを褒めます。おそらくカラスたちは、穏やかな気持ちでいるときには、私たち人間のことを、「地面に降りたカラスたち」とでも思っているのでしょう。

突然の成功だ！

ある日の午後、私たちがブラインドの中で待っていると、頭上に、フー、フー、フーという羽音が聞こえます。すると小羽ちゃんが降り立ちます。この若鳥は少し小さな声で、所々でワァーと鳴くのですが、あたかも近くに親が待機してくれていないことに気づいているように、気持ちが乗らない鳴き方です。

　小羽ちゃんは1つの穴の中をのぞきます。幼虫だ！ 小羽ちゃんはエサに届かないのに、頭全体を中に押し込もうとします。これは初心者がする間違いです。道具使用に成功するには、自制することが必要なのです。小羽ちゃんはすぐエサに向かって突進したいという自分の自然な衝動を抑えなくてはなりません。

　「待ちなさい。小羽ちゃん、考えるのですよ」

　左利き母さんが残した数本の道具が丸太の上で揺れています。小羽ちゃんは得意げな足取りで丸太を進み、その1本を取ります。コツ、コツ、コツ。小羽ちゃんは姿勢を変え一定の角度で探ります。小羽ちゃんは葉柄を幼虫の下にねじ込んで、引っ張り上げようとしているようですが、これは左利き母さんが2番目の幼虫に使った技術です。この穴は頂上部が広いので、小羽ちゃんは道具を壊すことなく角度を調整できます。これはうまくいくかもしれません。

　ブスッ、ブスッ、ブスッ。道具がポンとはね上がります。すると大きな、白い幼虫の巨体が小羽ちゃんの頭上を宙返ります。小羽ちゃんは驚いて空中にまっすぐに、ピョンと飛び上がります。それからすぐ体勢を立て直したかと思うと幼虫に飛びつき、音を立てて貪ります。ゴクッ、ゴクッ、ゴクッ。

　しばらくして、この若いカラスは、（おそらく勝ち誇った気持ちで）ワァッ、ワァッと鳴いて飛び去ります。

　ギャビンは言います。「そうです。それが若鳥の特徴なのです。何もできないふりをするけれど、親がいなくなってしまうと自分だけで結構うまくやってのけるのです」

目玉食いに寄せる歌

　鳥の群れを表現するには、例えば「ヒバリの高揚 (exaltation)」、「アトリのにぎやかな鳴き声 (charm)」、「フクロウの議会 (parliament)」などの愛らしい伝統的な言い方があります。しかしカラスの群れは「カラスの殺害 (murder)」と呼ばれるのです。

丈夫な先割れスプーンはカラスのくちばしに似た食事用具なのです。

　カラスはまるで翼を持ったシス卿（訳注：映画『スター・ウォーズ』で使われる用語。怒りや憎しみなど、負の感情から生み出される攻撃性の高い力を信奉する者）のように、しばしば悪者だと考えられています。ともかく、カラスは夜のように真っ黒で、人々に恐怖心を思い起こさせる色合いです。カラスたちは互いに耳障りな声で鳴き合います。彼らは農家の人たちのトウモロコシを食べてしまうことで、その悪名をとどろかせています。カラスはコマドリやスズメのようなかわいい鳥の雛鳥を捕食します。そしておそらく最悪なことは、カラスは死んだ動物の目玉を突くのです。

　しかし実は以下の話が事実なのです。まず、黒い羽は最も頑丈なのですが、その理由は、（強くする性質も持つ天然の色素である）メラニンが最も多いからということです。またカラスの声をあなたがどう思おうとも、科学者は彼らを鳴禽類のメンバーとして分類していることです。はい、そうなのです。カラスは鳴き鳥なのです。でもクラシックのバイオリン奏者というよりも、彼らをヘビーメタルのギター奏者だと考えてください。

　カラスは確かに農家の人たちのトウモロコシを食べます。これに関しては告訴通り有罪です。しかしより正確な言い方をすれば、カラスたちがトウモロコシ畑で狙うのはほとんどが虫で、トウモロコシ畑において彼らの果たす害虫駆除の役割の方が、彼らが食べるトウモロコシの害よりはるかに大きいのです。

　カラスが多くの雛鳥を食べるというのは根拠のない話です。北アメリカの科学者たちが巣にカメラを向けて置いたところ、わかったことは、攻撃事例のうちたった1パーセントしかカラスの仕業ではなかったことでした。

　最も多かった巣の略奪者はヘビで（攻撃数の34パーセント）、次はまさかと思うでしょうが、リスとシマリス（16パーセント）でした。そう聞くとあなたは、あのかわいい頬の中に、実際にはいったい何が詰め込まれているのか思わず考えてしまいませんか。

　では最後にあの目玉の件です。カラスは雑食性の動物で、何でも食べることを意味します。多くの他の鳥は1種類だけのエサに特化して食べます。タカは肉を食いちぎるための、ナイフのようなくちばしを持っています。フラミンゴは巻貝や植物を水から漉しとるための、スプーンのようなくちばしを持っています。でもカラスはすべての目的に合ったくちばしを持っています。特に1つのことに長けているわけではないのですが、ほとんどの食べ物を実に上手に扱うのです。それは先割れスプーン状の鳥のくちばしなのです。

　自分が路上で死んでいるアライグマの上にとまっているカラスだと想像してみてください。羽が生えかけたあなたの娘が深刻な飢えに瀕してエサをねだっています。今にもコヨーテ、ヒメコンドルのような大型の腐食動物、または有害鳥獣駆除用のトラックに乗った男が現れるかもしれません。あなたのくちばしはアライグマの毛皮を食い破れるほど強くできてはいませ

ん。ではあなたはどうしますか。
　目玉を狙うのです。
　確かにそれは不快なものでしょう。しかしそれは栄養に富み、さっと食べやすいのです。これで少しはあなたの気分が晴れるなら言いますが、その目玉を食らうカラスもむしろ筋肉やはらわたの部分を飲み込みたいのでしょうね。**それでも**あなたが嫌だというのでしたら、そんなあなたはホットドッグの中身は知らないほうがいいですよ。

カレドニアガラスはカラス科の仲間です。カラス科にはカラス、ワタリガラス、カササギ、カケスなど全部で120種ばかりいます。その120種のカラス科の種のうち、約40種が（いわゆる）カラス属です。カラスは南アメリカ、北極、南極以外のほぼすべての場所で見られます。

肉食動物：他の動物を食べる動物
草食動物：植物を食べる動物
雑食動物：動物も植物も食べる動物
食虫動物：昆虫を食べる動物

果食動物：果物を食べる動物
ピザ食動物：（この表をここまで読んできて）もうあなたが眠っていないか確認しているだけですよ。

モン・ズマックを遠くに望む、サラメアに聳える高地。

4 チョキン、ビリ、チョキン

これらのタコノキ製の段付きの道具は野生のカレドニアガラスによって作られたものです。タコノキ製の段付きの道具を作るためには、カラスはタコノキの葉のどの部分をどのように裂いたらいいのか、その法則を学ばなくてはなりません。

小羽ちゃんや左利き母さん、また現地の他のカラスの群れを観察しつつ、ブラインドに身を寄せ合って3日間を過ごした後、私たちはさらに山地の奥へと歩いて移動します。ククイノキの林を後にして、タコノキの茂る土地へと踏み込みます。道沿いに進むと私たちの出現で1羽のカラスが驚きます。ワァッ、ワァッ、ワァッ！と、鳴いてから飛び去ります。

歩いて進む途中、私はギャビンに、カレドニアガラスに関して最も興味深い疑問は何かと聞いてみます。

ギャビンは言います。「時の経過とともにカラスたちは道具を改良したのか、それが大きな疑問です。私たち人間は新しいものを生み出すことができます。私たち人間はそれを守り続けることもでき、未来の世代はその考えに改良を加えることができます。カレドニアガラスもそうしてきたのでしょうか。その意味で、タコノキの道具はとても興味深いものなのです」

初期の人間が使った道具は、おそらく根っこを掘り起こすために使われた棒切れや、木の実を割ったり、動物の体を切り裂くために使われた石だったのでしょう。やがて時間の経過とともに、私たちの道具一式は進歩し、広がりを見せました。私たちは弓矢、槍、包丁、斧、そして最終的にエックス線機器から核兵器に至るまでのすべてを発明しました。私たちは学んだことを次に伝え、以前の発見や技術をもとにいろいろな物を造り上げました。これは累積的文化進化と呼ばれます。ほとんどの科学者は累積的文化進化は人間独自のものだと考えています。

ギャビンは日が差す高原に私たちを案内します。島の尾根に立つと、ここから東西両方の海岸線が見えます。ギャビンは南の方の、円錐形

手斧は初期の人間が使用した道具の1つです。手斧は物を切るために先端が鋭く、つかむために一方が丸くなっています。手斧作りのためには、人はどのように1つの石を使って、別の石から破片をはぎ取るべきか、その法則を学ぶ必要があります。

に聳える緑地を指さします。彼は言います。「あそこが、私がカグーの研究をしていたところで、そのころ私は初めてカラスが道具を使っているのを見たんです」

あなたはどうしてニューカレドニアが、野生のカラスが常に道具を使う唯一の場所なのか、不思議に思うでしょう。でも、世界中のカラスもワタリガラスも、知能の高さ、好奇心、奇妙な物で遊ぶ習慣を持つことで知られているのです。マヨネーズの広口瓶のふたをそりとして使って、雪の積もった屋根をすべり降りる、ロシア発のカラスのビデオが人気です。コロラドでは、8羽のワタリガラスが脚で樹木の皮をつかみ、空中を飛んだりダイブしたり、翼を羽ばたかせることなく進路を変えるために、その樹皮を強風に向けて角度を調整したりしながら、「ウインドサーフィン」をしているところが目撃されました。ワシントン大学のフットボールの試合中、50羽のアメリカガラスの群れがエンドゾーン越しに、丸めた紙屑で「ボールキャッチ」をしているところを何千人もの観客が見ました。1羽のカラスが他のすべてのカラスに追いかけられながら、つめでつかんでボールを運びました。その「クオーターバック」がボールを放すと別のカラスが空中で足でキャッチし、試合が再び始まりました。日本では、ハシブトガラスが乾燥したシカのうんちを集め……それからシカの耳に埋め込むことが知られています。が、その行動の理由は定かではありません。

これらのカラスたちは道具の潜在的な発明者なのでしょうか。または単なる非行少年たちなのでしょうか。それはあなたが判断してください。

ニューカレドニアでは、現地のカラスは、自分たちが独特な状況に置かれていることにふと気づいたのでした。島には木に穴を開ける幼虫が多くいたのです。他の場所ではキツツキが優先的に幼虫を食べてしまいますが、ニューカレドニアにはキツツキがいなかったのです。幼虫は努力次第で手に入ります。カラスには木に穴を開けるためにできた石のように硬いくちばしはなく、この環境はくちばしの硬いカラスに優位に働く可能

あるカラス研究家は冗談で、カレドニアガラスを「（木を突くのが）下手なキツツキさん」と呼んでいます。

性もありえました。ですから最終的には、キツツキのようなくちばしを持つカラスに進化したかもしれなかったのです。しかし実際にはそのようなことにはならず、ニューカレドニアのカラスは知能を使い、木を探る道具を発明したのです。それは筋力に対する脳力の勝利でした。カラスはまず棒切れや葉柄（ようへい）を使うことから始め、その後タコノキの道具も加えるようになったのではないかとギャビンは考えています。

　カレドニアガラスは、時間の経過とともに道具を進化させてきたのでしょうか。その答えを見出すために、ギャビンは可能な限り多くの道具を集める必要があります。それはたいへんな仕事です。カラスが道具を落とすのを彼が見届けたときでも、落ちた場所を特定することが難しいこともあります。ギャビン

ギャビンはタコノキの葉の裏に道具を切り取った輪郭（りんかく）を見つけます。

ギャビンはタコノキの中を見上げます。この木はニューカレドニアの多くの場所で見られます。

は言います。「ときには見つけるまで数時間森の地面を探すこともありますよ」

　幸いなことに、タコノキの道具の研究は、現地でなくても、またその作成者であるカラスが現場を離れた後でもずっと長く行うことが可能です。ギャビンは山を下り、私たちを突起のあるタコノキが目立つ、つる、低木などのこんもりとした緑の茂みに案内します。彼は素早く、しっかりとそれだとわかる、1枚の葉についた切り跡や裂き跡を見つけます。

　ギャビンは次のように説明します。「カラスが道具を裂き取った後では、タコノキの葉の上にぴったりと合う輪郭が残ります。タコノキには道具作りの履歴が残るのです」

　ギャビンはさらに、カラスたちがどのようにタコノキの道具を作るのか、正確に知りたいと思いました。そこで彼は学生たちの助けを借りて、エサ場を作り、丸太の穴に小さな生肉片を入れました。根こぎにされた1本のタコノキが、カラスたちに道具の素材を提供するために、近くに置かれました。

　ギャビンはタコノキ製の道具の作成者が、その作業を、まず葉に走る葉脈の筋張った繊維に対し、垂直に短く切れ目を入れることから始めることを発見しました。次にカラスは繊維に沿って、その葉を水平に裂きます。道具を引き離すのにもう1回切り口を入れる必要があります。カラスの中にはチョキン、ビリ、チョキン、ビリ、チョキン、ビリ、チョキン、ビリ、チョキンを続けて繰り返して、4つほどの段の付いた道具を作るものもいます。この段状のデザインによりカラスたちは、筋っぽい葉脈があり、斜めに裂けない素材から、次第に先が細くなっていく道具を作ることができます。カラスはくちばしに幅の広い方の端をくわえ、幅の狭い端を使い、昆虫、イモムシ、クモ、小さなトカゲなどが隠れているかもしれない割れ目を探ります。

　ギャビンが素早くやって見せてくれると、私は自分自身の段付きの道具を作ってみたいという気持ちになりました。大きめの脳と敏捷に動く指を持つ私には、完璧なタコノキの探り棒が作れるはずです。

考えられるタコノキ製の道具の進化

1. 隠れた獲物を漁っているとき、1羽のカラスがタコノキの葉を引き裂きます。

2. 最初作ったタコノキの道具はおそらく幅が広かったのでしょう。幅の広い道具は堅くて持ちやすいのですが、先端が大きすぎて小さな裂け目の中には入っていきません。

「いや、だめですね」と私の手作り製品を横目で見ながらギャビンは言います。「あなたは逆の端から始めてしまったんですよ。かえしの先端が**上向き**になるようにしないといけないのですよ」

何事も「習うより慣れよ」なのでしょう。2年間の調査中、ギャビンと彼の学生である、ジェニファー・ホルツハイダーは6羽の幼鳥が徐々にタコノキの道具作りの技を学んでいくのを観察しました。初めは、若いカラスたちは、ただ手当たり次第に葉を裂いていました。しかし小羽ちゃんのように、彼らも親の後をついて行きじっと観察しました。彼らは親の捨てた道具を使ってみたり、切ったり裂いたりして試しました。こうして7か月も経つころには、どの若鳥たちもましに使える道具が作れるようになりました。生後7か月のカラスの1羽（自慢の快挙ですよ！）は、成鳥に負けないほどうまくタコノキ製の道具を作れるようになりました。習熟の遅いカラスたちはこの技術を覚えるのに2年ほどがかかりました。

ギャビンはタコノキの道具の発明は次のように起きたと考えています。すでに棒切れ状の道具を扱った経験のある1羽のカラスが、タコノキの葉とタコノキの茎の間のくぼみに隠れている虫を突こうとタコノキの葉を裂いていました。それで自分のくちばしにククイノキの裂けた切れ端をくわえた際に、その利口なカラスはこの細い断片も道具として使えることがわかったのです。

ギャビンは次のように言います。「タコノキの道具について、上も下も同じ幅のただ裂いただけの単純な道具で始まり、その後次第に段が付くことで、先細りをした形の道具へと進化したことを示すことができればいいのですが、それを示すことが難しいのです」

過去20年間、ギャビンは200キロメートル（120マイル）ばかり離れた2つの場所を訪れてきました。どちらの場所でもカラスはタコノキの道具を作りますが、段付き道具の設計が異なるのです。4年ごとにギャビンは各々の場所を訪れては、葉

3. 次にできたのは1つの段が付いた道具です。持つ方の端は幅が広く、使う方の先端は細くなっています。

4. 次第に先細になっていて、多くの段の付いた道具は、上部が堅くて持ちやすく、真ん中はより柔軟で、先は狭くなっていて最適です（葉に残された道具の輪郭に注目してください）。

43

ニューカレドニアのカラスは群れが異なれば作るタコノキの道具も異なります。カラスはよく似ているし、環境も同じようによく似ているので、彼らの作る道具の種類(しゅるい)の違(ちが)いはおそらく社会的に伝えられたものでしょう。言い換(か)えればカラスにはまぎれもなく文化があるのです。

に残されたタコノキの道具作りを比較するために、それぞれの「比較対照物」としての道具を集めているのです。彼はすでにおよそ5,000点の比較対照物を集めました。

彼は道具の形、大きさ、定位方向（左から裂いた葉か、または右から裂いた葉か）が時間の経過とともに変化するのか知りたいと考えています。タコノキの道具作りにおける変化を見届けるには、もっと多くの年月、おそらく何十年ものデータ収集が必要でしょう。

「カラスたちは２段の設計から３段の設計へと移るのだろうか。またはその逆か。それとも道具は同じままなのだろうか」とギャビンは考えます。

人間はかつて**道具を作る唯一の種**という座の上に君臨していました。でもチンパンジーによってそこから落とされてしまいました。今では私たちがいるのは、**道具の技術を進歩させ、その進歩を次に伝える唯一の種**という座なのです。まあ続く限りはこの栄誉を享受してください！ いつの日か私たちはこの座からもカラスにはじき落とされてしまうかもしれませんからね。

数で示す道具使用

知られている動物種の概数	1,371,500
道具使用が観察された動物種の数	284
道具作成または修正が観察された動物種の数	42
多種の道具を作ることで知られる動物種の数（人間、チンパンジー、オランウータン、オマキザル、カレドニアガラス）	5
フック付きの道具を作ることで知られる動物種の数（人間、カレドニアガラス）	2

捕獲の日。

ギャビンは真夜中過ぎに、ネットを設置しました。幼虫、生の牛肉、中身が見えるように割って開いたニワトリの卵といった誘いエサを入れた丸太の周りを、一見無害そうに見える１本の黒いパイプの輪がぐるっと囲っています。この「シューッと音を立てて広がるネット」はギャビンが創り出したものです。開けた場所がないため森の鳥を捕獲することはたいへん困難が伴うことがあるのです。ギャビンは、コードを引くと、まるで引きひも式の大型の巾着袋のように、端が跳ね上がって口を閉じるネットを設計しました。

ときにはギャビンは彼のカラス捕獲の作業要員として家族を加えることもあります。妻のメガンと10歳の娘のフランシスは、ニューカレドニアでカラスの標識バンドを付ける手伝いをしました。故郷のニュージーランドでは、７歳の息子のロバートと家ネコのジョージにネットをかぶせて捕獲試験をしました。ギャビンは言います。「ロバートの方はネットをかぶせられて楽しんでいましたが、ジョージはあまりうれしくなかったようですね」

ギャビンはカラスが思わず飛びつきたくなるようなごちそうを用意します。黒く見える線は、スプリング式で跳ね上がり、鳥の上に覆いかぶさるように設計された、ロール状に巻いたネットです。

ネットにかかった
カラス。

　カラスの調査には、シューッと音を立てて広がるネットによる捕獲がしばしば必要になります。ギャビンと学生たちは、調査エリアのカラスを捕獲して各々にカラーの標識バンドを付けることで、若いカラスがタコノキの道具作りを学ぶにはどのくらいの時間がかかるのか見出せたのです。これらのバンドがなければ、カラスの個体識別もできなかったでしょう。
　私たちは静かにブラインドの中で待ちます。小羽ちゃんの家族は1日に数回、森のこの場所に飛んでくるようです。いつ来るかもう単に時間の問題です……。
　フー、フー、フー。羽音がして1羽のカラスが丸太に降り立ちます。ギャビンは引きひもをグイッと引きますが、まだ十分に引き切れていません。彼がもう1度引く動作ができる前に驚いたカラスはワァッ、ワァッ！と鳴いてロケットのように素早く樹上に飛び移ります。
　これは罠だぞ。とでも、聞こえる範囲にいる近くのカラスに叫んでいるのでしょうか。
　カラスの意思伝達がそれほど高性能なものでないといいのですが。私たちはすべての準備をし直して待ちます。
　30分後、2羽のカラスが着地しようと滑空してきます。彼らはニワトリの卵の大きな黄身に目をつけます……。

　シューッ！
　ギャビンのタイミングは完璧です。1羽のカラスが地面近くで捕えられ、もう1羽は飛び上がろうとして引っかかりました。私はカラスの大きな、ののしるような鳴き声を予期していましたが、どちらも、ネットから外すときにも1度も抵抗の鳴き声をあげません。またあまりもがくこともしません。
　ギャビンが道具を準備する間に、各々のカラスはそれぞれ布の袋に入れられます。すべての準備ができると、私は最初のカラスをそっと出します。その大きさから、ギャビンはそれが成鳥のオスだと推測します。おそらく小羽ちゃんの父親ではないでしょうか。
　ギャビンは個体識別が容易にできるように、番号入りの金属の標識バンドと2つの異なる色の標識バンドをカラスの脚に固定します。私はやさしくカラスの片方の翼を広げます。その羽は見事で、魅惑的な夜会服のように、絹のようなやわらかい光沢のある漆黒です。
　小型の注射針を使用して、ギャビンはカラスの翼の裏側の静脈から血液検査のサンプルを採ります。血液の遺伝子分析を行うことで性別が確定できますし、このカラスがニューカレドニアの他の場所に住むカラスと、どの程度血縁関係を持つのか、科学者たちは知ることができます。
　私は1番目のカラスを袋に戻し、2番目のカラスを取り出します。突然日の光を浴びて、目をパチクリさせ、声をあげずにくちばしを開けます。このカラスの口の内部は少し赤みを帯びています。赤ん坊のカラスは赤い口をしていて、子どもの喉元に虫を押し込むときのママやパパの便利な狙い的となります。若いカラスは成長するにつれ、口の内部は色あせて灰色になります。
　この若鳥は小羽ちゃんなのでしょうか。多分そうでしょう。このカラスには左肩に小さな跳ね上がった羽はありませんが、その羽毛が落ちてしまったのか、羽繕いによってまっすぐになってしまったのかもしれません。家族は時々互いの羽にくちばし

カラスには数字入りの金属標識バンドと色付き標識バンドの両方が付けられます。

47

ギャビンは採血します。オスのカレドニアガラスは、メスより少し大きくて体重が重いのですが、カラスの性別は採血による遺伝子検査や交尾行動を見ないとわかりません。

たちが帽子をかぶったり、マスクを上下逆にかぶったりしましたが、カラスたちは彼らに急降下攻撃を加え、ののしり続けました。カラスたちは研究者たちが異なる種類のマスクをかぶったり、マスクをかぶらない場合には、彼らに反応しませんでした。時間が経過し、元のカラスの子孫たちが成長すると、彼らは親から教訓を学びました。すなわち、「危険な穴居人には警戒しなさい」という教訓です。8年経っても、キャンパスのカラスはいまだにそのマスクをかぶった人には腹を立てたのです。

　ギャビンが測定を終えると、私はカラスを手渡します。ギャビンはそのカラスをつかみ上げゆっくり両手を開けます。カラスは近くの1本の木立の中に飛んでいき、明らかに自由になっ

を通して羽繕いします。それは自分たちの強い社会的な絆を表明する1つの方法なのです。

　ギャビンは若鳥の頭とくちばしのサイズを計測します。若いカラスは反抗もせずに何でも耐えています。しかし成鳥には私たちは大いに苦労しました。いざ測定されるときになると、こちらのカラスはもじもじ動き、測定器具を噛もうとし、憎らしげに私を睨みます。

　このカラスはこれからも、しかも苦々しい思いで私のことを覚えているだろうな……、と感じます。人間は個々のカラスの見分けをするのに苦労しますが、カラスは個々の人間を認識するのが驚くほど得意です。

　ワシントン大学の研究者たちが、キャンパスに住んでいた数羽のアメリカガラスを捕獲し、標識をつけてから放しました。以前に、捕獲されたカラスが捕獲した人たちに対してののしり、急降下攻撃を加えたことがあったので、研究者たちは自分たちの正体を隠すために、石器時代の穴居人のプラスティック製のマスクをかぶりました。そしてこの穴居人のマスクをかぶりキャンパスを歩きカラスに試しました。するとマスクをした人

幼いカラスが測定されます。ギャビンと同僚たちはニューカレドニアの異なる地域に住むカラスの間に大きな肉体上の違いがあるかどうか知りたいと考えています。今のところ、違いは肉体的というより文化的なもののようです。

て喜んでいるようですが、パニックにはなっていません。次に、ギャビンは若鳥を放します。どちらのカラスも脚に付けられたカラーの標識をすぐ突き始めます。若鳥は枝に沿って踊るように進み、まるでそのありがたくない装飾品を飛び跳ねてはずそうとしているようです。

おわびのしるしに、私たちは、残りの刻み肉、幼虫、割って開けられたニワトリの卵を丸太の上に置きます。それは立派なカラスのカフェ（カーッフェかな？）です。

次に私たちは鳥小屋へと向かいますが、そこでは数か月前にネットで捕えられたカラスたちが、カラスの知能に関する私たちのさらなる理解促進のための実験を受けています。私たちは野生のカラスが道具を使うことを知ってはいます。しかし野生生活の中で今まで直面したことのない問題を解決するために、カラスは道具を使うことができるのでしょうか。

私たちは荷物をまとめて徒歩で林道沿いにギャビンのトラックへと戻ります。こうしていると私には悪い予感がしてきます。私には急降下攻撃や怒りに満ちた警戒鳴きが起きるのではないだろうか、さらには私たちの頭上に朽ちたククイノキやねばつく卵の殻さえもが落ちてくるのではないかと考えてしまいます。

それでも、私たちは何事もなく切り抜けます。私はこのようなニューカレドニアに来れてとても幸せな思いです。というのはカラスたちが何の恨みも抱いていないようだからです。

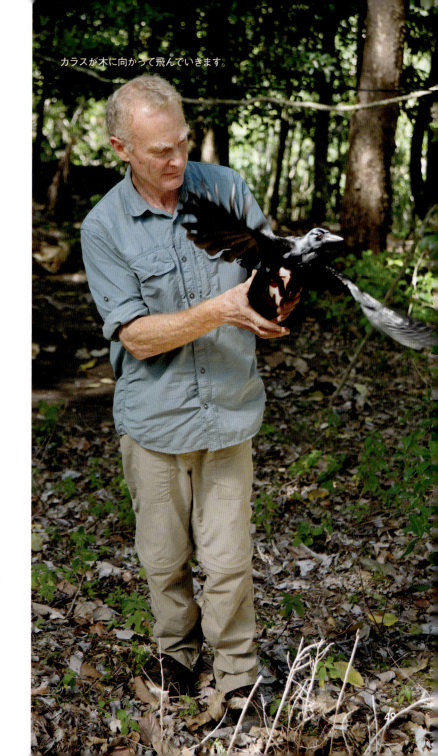

カラスが木に向かって飛んでいきます。

野生のカラスの野外研究は観察科学の見本です。飼育状態にあるカラスの実験室での研究は実験科学の見本です。双方とも研究者たちがカレドニアガラスの思考過程を理解する手助けとなります。野外研究によってカラスが道具を使用する理由がわかります。実験室の研究では、自然環境ではわからないカラスの能力が明らかになります。

5 メタ道具と心理操作

ニューカレドニアのファリノ村の近くにあるオークランド大学の鳥小屋。

カラスからはまず聞くことができないと思われるのは、ネコのような「ニャー」という鳴き声です。でも私たちが鳥小屋に近付くにつれ、私に聞こえてくるのは「ニャー、ニャー」というやさしい鳴き声だけです。それはまるでケージが退屈した子ネコであふれているかのようです。

「互いに接近している状態のときに、彼らはあのように鳴くのです」。ギャビンは「互いに連絡を取り合っていようよ、という控えめな鳴き声なのです」と説明します。

互いにニャーと鳴き合っている十数羽は、ニューカレドニアの2つの場所から来たカラスたちです。私はふと思います。各々の群れは互いが変な方言で話しているな、とか考えているのでしょうか。

私たちは両側にケージが設置してあるTの字型の廊下に入っていきます。囲いの塀は丈が高くなっていますが、それはカラスが安心感を得るためには、人間の頭より高い位置に止まる必要があるためです。

「カラスが病気で獣医師の治療を受ける必要がない限り、ここにいる間は、私たちは彼らを手で触ることはありません」とギャビンは言います。彼は私たちに小さなはかりの上に配置された木枠を見せます。「私たちは、はかりの上に肉を置いてケージの中に入れておきます。するとカラスがはかりの上に降り、カラスに触れることなく体重が測れます。この方法で私たちは彼らが健康でしっかりエサを食べていることがわかるのです」

ここに生活している数十羽のカラスたちによって、ギャビンとオークランド大学の彼の同僚の、ラッセル・グレーやアレックス・テイラーたちは、カラスの知能に関してより多くの知識を得ることができます。

カレドニアガラスは確かに、棒切れ、葉柄、細長のタコノキ片などの印象的な物理的な道具一式を持っています。では彼らは同じように印象的な、精神的な道具一式を持っているでしょうか。彼らには論理立てて考え、記憶し、何かを考え出したりすることができるでしょうか。

1番の鳥小屋に収容されている3羽のカラスは、ユニークな形をした物を作ることを教えようとする、ある実験の被験者として登録されています。これらのカラスたちはタコノキが多く茂る場所からやって来ました。これらのカラスがタコノキの道具を作ることができるなら、彼らは他の形をした物を作ることが学べるのでしょうか。もしそれができれば、彼らの知能がどの程度の融通性を持ち、彼らがどの程度理論と学習に依存しているのかわかるでしょう。

2羽のカラスが落ち着かない様子で、止まり木から止まり木に飛び交っています。3羽目は、止まり木でケージに固定しているビニールケーブルの端をいじりながら、難しい結び目を解こうとするボーイスカウト隊員のように、細いビニールをひねっ

ています。サルやボーダーコリーのように、カラスは忙しいときが一番幸せなようです。

　廊下を隔てた、2番の鳥小屋の中では、単独のカラスが止まり木からぶら下った1本のひもで遊んでいます。ひもの先には生肉片が結ばれています。このカラスは一番単純な実験課題にも失敗したので、退屈させないためにこのような動物福祉に配慮した活動が与えられています。このようなあまり賢くないカラスは鳥小屋の中に残り、水分を含んだキャットフード、刻み肉、生卵、果物、その他のおいしいものなどの食事を楽しみ、最後は一緒に捕獲されたカラスたちとともに解放されるのです。

　食べ物を食べるだけで仕事らしい仕事は何もありません。うーむ、このカラスは多分馬鹿なんかではないのでしょう。このカラスは賢いカラスの栄誉殿堂入りの候補者かもしれません（もっとも、これは残念ながら実在するわけではありませんが、夢に思い描くことはできますね）。でももし賢いカラスの栄誉殿堂があったとしたら、最初に殿堂入りを果たすのは絶対ベティと名付けられたカラスでしょう。およそ14年ほど前のこと、彼女は科学界を揺るがす存在となったのです。

ときには、暇を持て余さないように、この飼育されたカラスには道具と肉をいっぱい入れた穴が与えられています。

カラスのベティさん。

野生のカラスが道具を使用するというギャビンの発見に触発されたオックスフォード大学の科学者のアレックス・ケセルニクは、飼育状態のカラスを研究してみたいと思いました。彼は数羽のカラスをイギリスに持ち帰る許可を得ました。ベティさんはニューカレドニアの南東部に位置する、およそ1,000人が住む小さな町、ヤテの近くで捕獲されました。ベティさんと同じケージ仲間のアベル君は、約10年間ほどニューカレドニア動物園に暮らしていたオスでした。アレックス・ケセルニクは野生状態では行うことが不可能な、綿密に管理された実験を通してカラスたちの知能検査をしたいとも思いました。カラスの道具製作や使用はどの程度まで本能によるものでしょうか。どの程度論理的思考に基づくものでしょうか。もしカレドニアガラスの知能が本物ならば、彼らは、たとえそれが見慣れていない素材でできていたとしても、使用可能な道具を認識できるはずです。

　ベティさんとアベル君にはある難題が与えられました。1つの透明な筒がプラスチックの容器にテープで固定されていました。この筒の底には小さなバケツが置かれていました。このバケツの中には、カラスの大好きなごちそうの1つである、ブタの生の心臓の1切れが入れられていました。オックスフォード大学の研究者たちは、この装置の中に針金2本も入れました。その針金の1本は先がフック状に曲げられ、もう1本はまっすぐでした。野生のカラスの天然の道具は常に植物素材でできていて、冷たくすべりやすい金属ではありません。カラスたちはフック付きの針金が使える道具だとわかるでしょうか。彼らはまっすぐな針金は役に立たないことを理解するでしょうか。

　アベル君はテーブルに飛んでいきました。彼はフック付きの針金を素早くつかみました。しかしそれを筒の中に突っ込むことなく、それで遊ぶために鳥小屋の反対側に飛んでいってしまいました。

針金を曲げるベティさんの行動はまぐれ当たりなどではありませんでした。10回の試験のうち9回で、彼女は針金を折り曲げバケツを引き上げることに成功しました。次に湾曲しているためバケツに届かない細長いアルミニウム片が与えられたときは、ベティさんはそれをまっすぐにしてから曲げ直すことで、役立つ道具を創り出しました。

　ベティさんはまっすぐの針金を拾い上げました。彼女はそれを筒の所に持っていき、あちこち回りながら釣り上げようとしました。でもうまくいきません。そこで彼女はそれを引き出し、その先を筒を押さえていた粘着テープに突き刺しました。ベティさんは少しだけぐっと引き、それからその針金を引き抜いたところ、先端がフック状に曲がっていました。彼女はそれを筒の中に差し入れ、バケツを引き上げたのです。

　科学者たちはさらに実験を繰り返しました。すると10回の

うち9回で、ベティさんは曲げるときに、針金を固定するために粘着テープを使うか、自分のくちばしで曲げるときは、自分の脚で針金を固定しました。

最初の試みはただのまぐれ当たりだったのでしょうか。多分その初回は、たまたま針金が引っかかって動かなくなり、フックができたのでしょう。おそらく彼女は嬉しい偶然を認識し、それを活用した素早い学習者であったのでしょう。

その他の可能性としては、ベティさんが洞察力を駆使してその問題を解決したことです。彼女はその針金がどんなもの**であった**かだけでなく、どんなものに**なり得る**のかも見届けたのです。

同様の試験を受けた人間の子どもは、ベティさんほど成績がよくありませんでした。人間相手の実験では、子どもたちにはバケツを取るために、フック状に曲げることのできるまっすぐのパイプクリーナーが与えられました。4歳と5歳の24人の子どものうち、ベティさんのレベルに達したのはたった2人(8パーセント)だけでした。6歳と7歳の27人の子どもが試験を受けたところ、たったの8人(30パーセント)だけがその問題を解くことができました。

しかしその課題はベティさんの物と**全く**同じだったわけではありませんでした。というのは、子どもたちのバケツにはカラフルなシールが貼ってあったからです。子どもたちごめんなさいね。あなたたちの場合は、(カラスのときのように)ブタの心臓ではありませんよ。

ベティさんの天才ぶりが明らかにされつつあるころ、

オークランド大学のギャビンとラッセル・グレーさらにアレックス・テイラーたちが、飼育されているカレドニアガラスで彼ら独自の実験を始めていました。人間の場合、道具使用には物体に一定の特性(厚さ、重さ、密度など)があることを理解することが伴います。物体の特性を理解してしまうと、私たちにはその使い方がわかります。

アレックスとラッセルは飼育されているカラスたちに、彼らがイソップ物語のテスト、と呼ぶある難題を与えました。イソップ物語では、喉が渇いた1羽のカラスが、底に少しの水が入った水差しに出くわします。水面に届かないカラスはある巧妙な解決法を思いつきます。それは水面が飲める高さまで上がってくるまで、水差しに石を落として入れることです。その教訓とは「一生懸命に考えなさい。そうすれば水が飲めますよ」ということです。

カレドニアガラスは野生状態では、道具として石は使いませんので、カラスたちにまず石を落とすことを教えなくてはなりませんでした。筒の中に石を落として、ごちそうの乗った台を倒すことを習得すると、カラスたちは最初のイソップ物語のテストを受けることになりました。5羽のカレドニアガラスの前には、2つの透明な筒があり、集めてきた小さな石ころがそばにまき散らされていました。1つの筒には水が入っていて、その中に浮かぶ小さないかだの上に肉片が乗せられていました。もう1方の筒も同じものですが、ごちそうは砂の上に置いてありました。砂も水も同じ高さで、数インチ低すぎてくちばしでは届きませんでした。

カラスたちは素早く水の入った方の筒に石を落とすことを学び取りました。カラスたちの成績は同じような課題を与えられた5歳児より優れていました。

次に、砂の入った方の筒と石が片づけられました。今度はカ

ラスたちには、水の入った筒の中に落とし入れることができる2つのタイプの長方形の物体が与えられ、そのどちらかを選ぶ課題でした。その長方形体は大きさ、色、形が同じでしたが、2つの異なる素材でできていました。1つはゴムで重くて沈み（水面を押し上げ）ます。もう1つは軽いプラスチックで浮きます。カラスたちは問題もなく、どちらのタイプの長方形体を筒に落とすべきかがわかりました。1羽は軽量の長方形体を筒に投げ入れることは**1回も**ありませんでした。そのカラスは軽い長方形体を16回拾い上げましたが、そのたびにそれを捨てました。全体として、カレドニアガラスは同じ試験を与えられた7歳の子どもたちより成績が勝っていました。

試験の第3部では、長方形体が片づけられました。今度はカラスたちに、大きさ、重さ、色が同じ正方形体が与えられました。しかし1つのタイプの正方形体は閉じていない金属製のフレーム（沈むのですが水面に対する効果はあまりありません）だけでできていて、他方は閉じた固焼き粘土でできていました。

ここでも、カラスたちは素早く中身の詰まった正方形体だけを落とすことを学びました。5羽のうち、2羽のカラスは筒の

Uの字型の筒の実験では、筒が隠れたところでつながっていることを理解する能力を試します。

中に中身のない正方形体を落とすことは**全く**ありませんでした（子どもたちにはこのテストは行われませんでしたので、カラスたちの成績がどの程度のものだったのか、両者の比較はわかりませんでした）。

最後のテストは実に難しいものでした。今度は、3つの筒がありました。ごちそうは幅の狭い、真ん中に置かれた筒の中にあり、両側に1つずつ幅広の筒が置かれていました。石ころは幅の広い筒には入るのですが、ごちそうの入った筒には入りません。両側の筒の1つは台座の下に隠されたU字型の筒でつながっています。そのつながりを見抜くたった1つの方法は、真ん中の筒の水面を注意深く観察することしかなく、石ころが真ん中の筒につながっている正しい方に入れば水面が少しだけ上がりました。

残念です！どのカラスもこの仕組みは見抜くことができませんでした。この同じテストを子どもたちにしたところ、4〜5歳児はカラスと同様お手上げ状態でした。が、6歳児は難なくやり遂げました。人間の子どもに1点が入りました！

1羽のカラスが浮いたごちそうを届くところまで押し上げるために、中が空洞の正方形体ではなく、中が詰まった正方形体を選びます。

生まれか育ちか

あなたが恥ずかしがり屋さんだとしましょう。あなたが恥ずかしがり屋なのは、そのように生まれついたからなのでしょうか。それともあなたの性格がそんなふうになるような経験をして育ったからなのでしょうか。この問いは科学者たちが「生まれか育ちか論」と呼ぶものです。

カレドニアガラスに関して、科学者たちは、彼らの道具使用行動がどの程度まで遺伝子の中に「組み込まれたものなのか」、またどの程度まで育ちによるものなのかについて考えました。それを解決するために、オックスフォード大学の研究者たちは、人間の手で4羽のカレドニアガラスを育てました。その赤ん坊ガラスの1羽はベティさんの娘で、Uek といいました（「ウェック」と発音され、ニューカレドニアのカナク語で「鳥」の意味です）。ウェックさんとケージ仲間には遊ぶための棒切れが与えられました。彼らの鳥小屋の中には、ごちそうでいっぱいの穴が開けられた丸太が置かれました。毎日人間が入ってきて、若鳥たちのために、棒切れを使って穴からごちそうを引き出してやりました。ウェックさんとケージ仲間はそれを見て学びました。他の2羽の人間に育てられたカラスにも同じような鳥小屋の設定がされ、同じように人間が世話をしましたが、ただ1つの例外は、その人間の誰も道具状の物体を扱わなかったことでした。つまりこれらの2羽のカラスたちは「教え込まれることがなかった」のです。

赤ん坊のカレドニアガラス。

ベティさんの娘のウェックさんは、人間の世話によって教えを受けます。

ウェックさんとケージ仲間は棒切れの道具を使ってのエサの取り方を学びました。

でもこれは驚くべきことでもありませんでした。というのは、彼らは人間がそうするのを見ていたからです。しかし教えられなかったカラスたちも、人間（または他のカラス）が何らかの道具を使うところを見ていないのに、棒切れを使って穴からエサを引き出す方法を考えついたのです。タコノキの葉が与えられると、教えられていないカラスの1羽が、タコノキから細長く葉をはぎ取ることさえやってのけました。このことはすべてのカレドニアガラスが、何らかの道具使用能力を持って生まれてくることを示唆しています。

ところが人間によって育てられた4羽のカラスはどれも、フック付きの棒切れやタコノキ製の段の付いた具など、より高度な道具を作れませんでした。このことは若いカラスたちが、複雑な道具作りを学ぶには、親鳥を観察することが必要であることを暗示しています。

カレドニアガラスの間でも、高度な道具作りには生まれと育ちの両方が必要なようです。

鳥小屋に戻ると、ギャビンはアンディ・コミンズと私を、大学院生であるグイード・デ・フィリッポに紹介してくれました。グイードは私たちを鳥小屋の廊下沿いに案内します。グイードの研究用の3羽のカラスが収容されている囲いの網越しに、太陽の光がそっと注ぎます。ムニン君、フギンさん、スプーンさんは識別しやすいように、それぞれ黄色、白、赤の標識バンドがつけられています。

　これらの研究のためのカラスたちと3羽の他のカラスは、あの有名なベティさんが捕獲されたヤテの近くで、4か月ばかり前に捕えられました。彼らは彼女の親戚かもしれません。囲いの中の3羽のカラスの中で、スプーンさんが一番恥ずかしがり屋さんです。彼女にその名前がついたのは、上のくちばしの先が折れてなくなっているからです。彼女は他のカラスのように上手に物をくわえることができず、下のくちばしでエサをすくい上げなくてはならないのです。しかしこの障害にもめげずに、何とかスプーンさんは野生の中を生き抜いてきました。

　1つの「鳥用のドア」が鳥小屋の上部の端に設置されています。グイードは長いポールを使ってそれをスライドして開けます。開けるとほぼ同時に、白い標識バンドをしたフギンさんが飛び出てきます。彼女は廊下を滑空して私たちの頭上を越え、カラスたちが試験を受けている実験室の方に向かいます。実験室にも人間が出入りする大きめのドアだけでなく、上部に鳥用のドアがあります。ギャビンは手でつかむことなくカラスたちがやさしく追い立てられて1つのエリアから別のエリアに移動できるようにと、内部でつながった鳥小屋、廊下、実験室を設計したのです。

　フギンさんは鳥用のドアを無視して、人間用のドアをサァーッと通り抜けます。グイードは言います。「そうなのです、彼女は広いドアの方が好みなんです。彼らはこだわりを持つ鳥たちなのです」

グイードは鳥用のドアを開けます。

ムニン君も実験室に続く鳥用のドアを無視します。それでそのまま、彼は廊下の小さなテーブルの上に降り立ちます。そして刻んだ肉がいっぱい入ったプラスチックの容器のそばに行きます。

　「彼は食べることが好きで、おやつのためなら続けて50回だって実験をやってくれます」とグイードは言います。

　ムニン君が鳥用のドア越しに実験室へと舞っていくと、彼はフギンさんをシーッと追い立てて囲いに戻します。グイードは伝説の中に出てくる2羽のワタリガラスにちなんで、彼らをフギンとムニンと名付けました。北欧神話では、フギンとムニン（「思考」と「記憶」）は偉大なる神のオーディンのスパイとして世界を飛び回り、祖国に舞い戻っては、彼の耳もとにそっとささやき、新しい情報を伝えました。明らかに、神々がインターネットサービスを持たない暗黒の時代の出来事です。

　「フギンさんは僕が実験室で支度をしていると、僕のすぐ背後に止まります。だから僕は肩に鳥を乗せたオーディンのような気持ちになるのです」とグイードは言います。

　グイードはイタリアで育ちましたが、そこでは今もお父さんが獣医師として、お母さんは障害のある子どもたちのために働いています。「僕は幼いころから動物や、常に考えていることが表現できない人々の周りで過ごしたのです」とグイードは言います。子どものころ、彼は有名な動物行動学者のコンラート・ローレンツの『ソロモンの指環』という本を読みました。グイードはさらに言います。「ローレンツはソロモン王の物語について書いていますが、ソロモン王には身に着けると、動物に話かけられるようになる指輪がありました。でも人間に話しかけるように動物に話すのでは簡単すぎます。動物が考えていることを知る他の方法を考え出す方がもっと面白いのです」

　グイードは「メタ道具実験と呼ばれるものを見せましょうか」と言ってくれました。彼がその装置を準備する間、私は監視穴から隣の鳥小屋を覗き込みます。この小さめの囲いには、グイードのもう1羽の研究用のカラスである貝殻コレクターさんがいます。貝殻コレクターさんは、静止して私を見つめます。すべての鳥小屋の床は、砂とサンゴを砕いたものを混ぜ込んだ土でできています。グイードが言うには、貝殻コレクターさんは土の中から小さな貝殻を取ってきて、自分のエサ入れや水入れに貯めるのが好きだとのことです。彼女が人間なら、貝殻コレクターさんには趣味があると言えるでしょう。

　すべての鳥たちは、物を射抜くように鋭く凝視するものですが、カラスに見つめられると思わず壁に釘づけにされてしまいます。貝殻コレクターさんは、まるでジェダイ（訳注：映画『スター・ウォーズ』で使われる用語。銀河を司るエネルギー［フォース］を信奉する秩序と平和の守護者）の心理操作を試みるように私を見つめます。

フギンさんは自分の囲いへと戻ります。

これを一生懸命早口で言ってみてください。「シーシェル・コレクターが海岸の近くて貝殻を売っているよ」(訳注：英語の早口言葉のもじり)

　私は視線を落とします。小さくて、雪のように完璧なほど白いタカラガイが1つ、私の足元の土に落ちています。私はそれを拾い上げ、ケージのワイヤ越しに押し込みます。貝殻コレクターさんは今起きたことが信じられないように少し驚いています。タカラガイから私に視線を移したり、タカラガイに戻したりする際に、彼女の首がひょいと動きます。でも私がネットにぴったり張り付いている限りは、地面に降りるのは安全だとは、彼女が感じないだろうと、私にはわかっているので、私はその場を離れます。するとすぐ**さっという**羽音が聞こえてきます。貝殻コレクターさんは私の差し入れをつかむと舞いあがり、自分の水入れへと向かいます。ポトン。
　隣では、グイードが、ムニン君にメタ道具による難題を試す準備を終えています。メタ道具とは、別の道具を作るための道具か、別の道具を手に入れるための道具のことです。それはエサを獲る道具を操作するための別の物のことで、野生のカレドニアガラスにはそうする能力があることは、私たちにはわかっています。しかしカラスはエサを獲るための道具を手に入れるための道具をどのように使うべきか、その方法に考えつけるでしょうか。
　グイードはアクリル製の長方形体と格子の付いた箱を実験室のテーブルの上に置いておきました。アクリル製の箱の内部には小さな肉片があります。1本の長い棒切れがテーブルの上にあります。ムニン君は上を舞いながら、その長方形体を詳しく調べます。彼は棒切れを拾い、止まり木に飛んでいきますが、すぐその棒切れを落としてしまいます。
　ドアが開きグイードが入ります。カラスたちが実験室にいる

ムニン君がメタ道具実験を受けるための心の準備ができるように、グイードはまずこのカラスの気分がその実験装置に慣れるようにします。

60

ときには、彼らが何をしようとしているかにかかわらず、カラスたちには行動するための時間はほんの少ししか与えられません。

やり遂げることができるのか、できないのかカラスたちは自ら認識する必要がありますが、あまり時間がありません。そのようにしておかないと、実験室は遊戯室になってしまいます。カラスにとっては楽しいことでも、データを取るために数十、ときには何百もの実験を行わなくてはならない大学院生にはあまり好ましいことではありません。

グイードは棒切れをまたテーブルの上に戻します。グイードが去るとすぐムニン君はその棒切れを拾い上げ、巧妙に操って肉片を外に出しました。簡単なものです。

今度はグイードが入ってきて、長いひもを止まり木の1本に結びつけ、ひものもう一方の先に小さな肉片を結びます。野生のカラスはぶら下ったひもなどを引き上げることはありません。しかしムニン君はためらいません。彼はかがんでひもをくちばしでつかみ引き上げ、ひもの残りの部分を引き上げる際には、引き上げたひものたわみの部分がずれ落ちないように自分の脚で押さえています。そのおいしいごちそうを貪り食った後、ムニン君は結び目を突き続け、ひもの一部を何とか引きちぎって持っていってしまいます。グイードはムニン君がそれを落とすまで、ケージ中、ムニン君を追いかけ回さなくてはなりません。

次の段階は、ひもの先に短い棒切れと肉片の両方を結ぶことでした。ムニン君は肉を回収し、短い棒切れを引き抜き、テーブルに舞っていきグイードがアクリル製の箱の中に置いておいた新しいごちそうを見届けます。彼はその短い棒切れが短すぎるとわかっているようです。というのは、それを使おうとさえしないからです。その代わりにムニン君はそれを落とし、地面

グイードがひもに肉をつけると、ムニン君はくちばしと脚の技術を駆使してそれをすぐ引き上げます。

61

に舞い降ります。ムニン君はもっと長い棒切れを探しているようです。

　私はグイードにカラスの何に一番魅力を感じるのか尋ねます。すると彼は説明してくれます。「それは道具作りの進化と言語の進化の関連です。人間では、道具作りをしているときに活動する脳の部分は、話しているときに活動する脳の部分とほぼ同じなのです」

　科学者たちは最近、脳の断層写真によってこの関連を発見しました。不思議に思われるかもしれませんが、道具作りも言葉を紡ぐことも細かい運動制御が必要となります。道具作りは手や指の細かい運動制御であり、発声は唇や舌の細かい運動制御なのです（「キャット」や「バット」という発音の小さな違いに注目してください）。

　それはこんなふうに起こったのかもしれません。すなわち、300万年以上も昔、私たちの初期の人間の祖先たちは道具作りを始めました。それは生き残りのための重要な技術でした。どの世代でも、道具作りに長けていた者が、より多くの子孫を残す傾向がありました。私たちの環境は、大きい脳や、より優れた細かい運動制御が可能な脳を持つ個体に有利に働きました。道具を使うという私たちの生活様式によって、いわば必要な神経回路がいったんできてさえしまえば、同じ配線回路で他の事もできました。こうして複雑な言語も可能になりました。

　道具は人間を賢く、**さらに**おしゃべりにした可能性があります。カラスはどうなのでしょうか。彼らの発する音声に関して、またそれらの音声の意味に関しては、ほとんど知られていません。

　「この知能はいったい、そしてその進化はどこに向かってカラスの脳を駆り立てようというのだろうか」とグイードは問います。「彼らの脳も身体も、道具の作成および使用を次第に進歩させる方向に向かっています。それはカラスたちを駆り立てて他の事もさせようとしているのだろうか。彼らは複雑な言語能力を発達させるのだろうか」

　実験室では、ムニン君には完全にメタ道具だけを扱うあの難題が与えられている最中です。グイードは1本の短い棒切れを

ムニン君は短い棒切れをつかみ、長い棒切れの入っている格子付きの箱の所に舞い降ります。

ひもの先に結んでおきました。テーブルにはごちそうが奥に押し込まれたアクリル製の箱があります。格子付きの箱は今はもう空ではなく、中に長い棒切れが入っています。でも、ムニン君のくちばしでは届きません。

ムニン君はひもを引き上げ、その短い棒切れを引き抜きます。彼はその短い棒切れを口にくわえて滑空していきます。アクリル製の箱と格子付きの箱の間を行き来するムニン君の小さな足が、実験テーブルの上をスタッ、スタッと歩く音が私たちに聞こえてきます。

「彼の脳の中でギアが回る音さえ聞こえるくらいですよ」とグイードがささやきます。

ムニン君は動作を止めます。おそらくグイードの設定が難しすぎるのかもしれません。ムニン君は格子付きの箱の方を向く際には、肉汁たっぷりのごちそうが入ったアクリル製の箱から目をそらさなくてはなりません。おそらく彼は自分の最終目標を心に留めておくことなどはできないでしょう。正直、私は同情してしまいます。ときどき私も自分の携帯電話を置いて、3秒も経つともうどこに置いたか思い出せないことがあるからです。

でも、彼は違ったのです。ムニン君は短い棒切れを拾い上げます。彼は格子の間にそれを差し入れて、長い棒切れの一方の端を巧妙に動かして引き寄せます。彼は短い棒切れは捨て長い棒切れを引き出します。ムニン君はさっと向きを変えます。これで後は簡単です！ 彼は、最後の見せ場とばかり、アクリル製の箱の頂上に止まります。曲芸師のように、身を逆さまにした芸当を使いながら、彼は牛肉片を巧みに引き出し、一気に飲み込みます。

この3つの行程から成る難題も彼は難なく切り抜けました。ではムニン君に4つの行程や5つの行程から成る問題を与えたらどうでしょう。私はこのカラスの脳に人間の発話を可能とする遺伝子が組み込まれていたらいいと思います。私は彼がこう言っているところを想像します。**「やってやろうじゃないか！牛肉をくれるならね」**

ムニン君はごちそうを取るための長い棒切れを手中に収めるために、短い棒切れを使います。

ニューカレドニアの
のどかな浜辺

6 故郷に帰る

トリー、イサイ、そしてアドルフ。

私たちの2車両編成のキャラバン隊は曲がりくねった道を進みます。ギャビンが先頭でプロジェクト用トラックを運転し、ムニン君、フギンさん、スプーンさん、貝殻コレクターさん、それから時間がなくて私たちが名前も付けられなかったカラス君の入ったカラスかごを運んでいます。

アンディと私はギャビンのトラックの後を進みます。ここ、ニューカレドニアの南東部では、丈の低い植物と赤錆色の土だけの、荒涼とした風景が続きます。南東部にはニューカレドニアに大きな富をもたらしてくれるニッケル鉱山がいくつかあります。

数時間ほどドライブすると、私たちは幹線道路を抜けます。ヤテを超えたあたりで舗装道路も終わりです。ギャビンは大きな野外キッチンのある、こじんまりとした家の前の、幅の広い芝生の上に車を停めます。アドルフ・オウエッチョが私たちを出迎えるために、奥さんのトリーとイサイという名前の元気いっぱいの、2歳になる彼らの1番年下の孫を連れて出てきます。イサイの両親は2人とも地元のニッケル鉱山で働いています。今はギャビンのトラックにいる5羽のカラスはどれも、5か月前にアドルフの協力によってギャビンが捕獲できたものです。今回、アドルフはカラスたちを故郷に戻すための手助けをするのです。

私たちはさらに移動を続けます。土の道を抜け、やがて土もなくなります。膝の高さまである水域が行方を遮り、私たちとカラスが捕獲された小さな島を隔てています。アドルフはカラスたちを乗せて浮かべて運ぶために、空気を注入して膨らませることができるいかだを持ってきていました。私たちは、（どう見てもネコ用の運搬キャリーにしか見えない）5つのプラスチック製のカラス運搬キャリーをいかだに乗せ、ビニールの防水シートで隠します。

アドルフは生まれてからずっと、カラスの住む小島を訪れてきました。彼の説明によればニューカレドニアのカラスは、あまり人間に尊敬されていないとのことです。「カラスは悪い予兆をもたらすものと考えられています。それに彼らは少しワライカワセミに似た感じで、人が来たことを知らせるのです」。それで森のハトやオオコウモリを獲るためにカラスの小島を訪れる地元民に嫌がられているのです。

多くのニューカレドニアの島民は、野生のカラスが道具を使うのを知り驚いています。アドルフが言うには、カラスがカタツムリを岩に落としてその殻を割るのを見た経験はあったし、さらに若いころには、老人たちが道具を使うカラスについて話していた記憶があるそうです。彼は言います。「でも私たちは

65

アドルフはカラスが捕獲された小島を指し示します。

彼らの言うカラスの道具使用は信じませんでした」。そして5か月前、彼はムニン君たち5羽のカラスを捕獲するために、ギャビンがエサ場を作るのを手伝ったのです。そしてそこで初めて、彼はカラスが道具を使っているのを目の当たりにしました。「もう今は私たちはともに学ぶ仲間なのです」とアドルフは言います。

　浅い水域がさらに浅くなり、やがて干潟に変わると私たちはカラス用のキャリーを手に持って運びます。私は貝殻コレクターさんを持って、泥をバシャバシャと跳ねながら進んでいきます。ときどき、彼女は短くワァッ、ワァッと鳴きます。多分彼女はときどき海水のはね返りを浴びたり（ごめん）、ネコ用キャリーの中に入れられてプライドが傷つけられた思いなのでしょう（でも私のせいじゃないよ）。それで私のことを（スター・ウォーズに登場する）薄汚い恰好の、卑しいナーフ飼いめ、と呼んでいたのでしょう（でも数回のワァッ、ワァッという鳴き声の意味を私は明らかに深読みしすぎているようですね）。

　私たちは小島に着くと、低い茂みを踏みつけて抜け、ヤシの木に縁どられた空き地に出ます。カラスたちには飛びたつスペースがあるので、放鳥するにはいい所だと、私たちは皆同意です。遠くで、島の周りを縁どっているサンゴ礁に外洋の波が打ちつけているリズミカルな音が私たちに聞こえてきます。

　ギャビンはフギンさんをキャリーから出します。彼女は突然の日の光を浴び、目をパチクリさせてからあたりをしっかり見ようと首をひねります。ギャビンは、彼女が自分の位置を確認するまで数秒待ってからゆっくりと両手を開きます。

　フギンさんはさっと大きく上方に向かって飛び、20フィート（約6メートル）も離れていないヤシの

アドルフはムニン君の放鳥の準備をします。

木に止まります。ワァッ、とまずためらいがちに声を発し、続いて数回の合図鳴きをしました。ワァッ。ワァッ。

次にギャビンは、時間がなくて私たちが名前も付けられなかったカラス君を空に放ちます。彼もまたヤシの木の葉に止まります。

アドルフはスプーンさんをそっと両手の中であやします。彼がその両手を開くとすぐ彼女は舞いあがり、フギンさんと時間がなくて私たちが名前も付けられなかったカラス君に合流します。3羽ともワァッと鳴きその鳴き声はだんだん大きく、より興奮気味になりましたが、それはあたかも今どこにいるのか彼らに初めてわかったかのようです。どこか遠くから返事が返ってきます。ワァッ。3羽のカラスはワァッ、ワァッ、ワァッと鳴きながらその声のする方に飛んでいきます。

では今度はムニン君の番です。難題を解く私たちのスターは、もじもじ動きガーガーと鳴き、アドルフは彼を放ちます。ムニン君はほんの一瞬ヤシの木に止まり、じきに他のカラスと同じ方向に突進していきました。

ギャビンは貝殻コレクターさんをキャリーから出します。貝殻コレクターさんはすでにワァッ、ワァッという鳴き声がする島の内陸部の方を見ています。ギャビンが放すと彼女は弧を描いて空へと舞いあがり消えていきます。

私は視線を落とします。私はここで突然気づくのですが、貝

ギャビンはスプーンさんのくちばしを調べます。彼女の上のくちばしは先が割れています。その障害にもかかわらず彼女は生き抜いています。

貝殻コレクターさんが舞い立ちます。

殻コレクターさんの住処には、ザクザク音がする白いサンゴと小さなタカラガイが散乱しています。

もう私たちにはフギンさん、スプーンさん、ムニン君、貝殻コレクターさん、時間がなくて私たちが名前も付けられなかったカラス君の姿は見えません。しかし梢から聞こえてくる、ワァッ、ワァッ、ワァッという鳴き声の大きさから判断すると、小島中のカラスが彼らを迎えるために集まっているようです。

アドルフは言います。「故郷にお帰りなさいのパーティーですね。家族が再会したんですね」

ようやく帰郷です。

フギンさんが自分の鳥小屋の中の止まり木に止まります。科学者たちはニューカレドニアの冬期に限りカラスを捕獲・飼育して研究対象としますが、それはカラスたちの繁殖期を避けるためです。

著者に聞く

Q：あなたはカラスが大好きなようですが、なぜですか。
A：私はカリフォルニアのウォルナット・クリークにあるリンゼー野生動物病院でボランティア活動をしていますが、ある忙しい日に、1つの囲いにあふれんばかりに入っているカラスの幼鳥たちに、注射器で給餌するという仕事を与えられました。私が最初の赤ん坊ガラスにエサを与えると、そのカラスは高音のゴクッ、ゴクッ、ゴクッという音を発しました。それが余りに滑稽な音だったので、私は一瞬で好きになってしまったのです。

過去数年にわたり、私は多くの赤ん坊ガラスを自分の手で育ててきました。彼らは取り憑かれたように、**すべてのもの**に興味を抱きます。新聞を与えればズタズタにしてしまいます。どんなエサも必ずもてあそびます。1羽のカラスが何かを持っていると、他のカラスはそれを欲しがります。彼らは恐ろしいほどいたずら好きなのです。

Q：あなたはカラスが個々の人間を認識すると本当に思いますか。
A：私は彼らのそのような能力を個人的に保証することができます。今は大きな鳥小屋に移って他のカラスと一緒に生活している、かつて自分の手で育てたカラスを、その数か月後に訪問したことがあります。私の手で育てたカラスは、私の近くに止まり、口を開け羽を膨らませてエサをねだる鳴き方をするのです。しかし彼らは他の人の近くに行こうとしません。ですから私が以前世話したカラスたちが明らかに私を認識しているというのに、言うのも恥ずかしいことですが、私には彼らを認識できないのです。認識するために私は彼らの脚の標識バンドを見る必要があるのです。

左からパメラ・S.ターナー（著者）、トリー、ヴェロニク、イサイ、アドルフ、ギャビン。

このカラスは顔の右側に道具を持つことを気に入っています。道具を使用する際に、強い「利き手の傾向」、すなわち「左右差」を示す種はカレドニアガラスと人間以外にはいません。

Q：赤ん坊のカラスを育てる際に、このようにしたら一番いいということは何ですか。

A：一番いいことは、彼らを放っておくことです。私は彼らを箱に押し込み（彼らはこれを嫌がります）1回限りの健康診断（これも嫌いです）を受けさせるために獣医師の所に連れていきます。そんなとき、私は自動車を運転して、大きなゴムの木や年中水が絶えない川があって、他のカラスが多数いる田園地帯の素敵なところに出かけ、彼らをそっと構わずに自分たちだけにしておくのです。それが彼らが好むことなのです。

Q：もし赤ん坊ガラスやその他の鳥の赤ん坊を見つけたらどうすべきですか。

A：巣立ちしたばかりの雛鳥を、間違って「救出」してしまう人がときどきいます。しかし多くの若鳥たちは、まだ飛べないのに巣から出て何かに止まって過ごす段階を経験するのです。これらの鳥たちは通常、親の世話を受けています。もし巣立ちしたばかりの雛鳥が地面にいるところを見つけたら、その若鳥を立木か茂みの中に置き、あなたのイヌやネコを屋内に入れて、親がやってくるか観察するのが一番いいのです。しかし、どんな年齢の鳥でもネコにつかまってしまったら、負傷した野生動物を介護してくれるところに連れていくことが最適です。歯による小さな噛み傷でも容易に化膿してしまうことがありえます。ですからもしあなたがネコを飼っているなら、屋内で飼うのが最適です。そうすることでネコも長生きするし、近くにいる鳥たちの長生きにもつながることになるのです。

　赤ん坊のカラスやその他の鳥の赤ん坊の救出（または救出しないことも含め）に関する、コーネル大

学鳥類学研究所の情報を私は強く勧めます（www.birds.cornell.edu/crows/babycrow.htm）。

Q：あなたたちにこのような途方もないカラス研究がなしえたこと自体が、私には本当に疑問に思えてしまいます。あなたはどうしてそうだとわかるのですか。証拠は出せるのですか。

A：おや、懐疑論者ですね。あなたは科学を1つの仕事として見なすべきです。「どのようにしてわかるのか」はすべての科学の議論の根幹にあるものです。でも実際にはそれはどんな目的にも使える素晴らしい問いかけです。確かに「どうしてわかるの」と尋ねることであなたは困った立場に置かれてしまうこともあるでしょう。いくら丁寧な言い方をされても、自分が発表していることに、証拠を出さなくてはならないとなると、結局腹を立ててしまう人もいるでしょう。でもともかく実行してみてください。この質問を問うことは、真実と反面的真実や虚偽とを区別する優れた方法なのですから。

　科学者はある主張をする際には、他の科学者たちに「どのようにして知り得るのか」と尋ねられることを予期しています。

　科学者たちが自然界にあるものを観察したり、または実験することにより、またはその双方により新しい情報を見つけると、彼らは科学論文を書きます。これらの論文は、その著者のデータ収集が厳密であり、そのデータの解釈が適正かを見届ける他の科学者たちによって再検討されます。もしその論文がこの検閲を通過すると科学誌に掲載されます。論文は（多くの場合、気が遠くなるようなほど詳細に）科学者が何を行い、どんな結果が見つかったのかを述べ、その結果がどのような意味を持つのかを論じるのです。要するに、科学論文とは、他の科学者たちによって1人の科学者に求められる証拠を示したものなのです。

　参考文献の中に、私は本書を書くにあたって最も重要であった科学論文を列挙しましたし、さらに詳しいリストは私のウェブサイト（www.pamelasturner.com）でも見られます。『カラスの知能（*Crow Smarts*）』のページにも直行してみてください。また「オークランド大学のカレドニアガラスにおける認識と文化」のウェブサイトを www.psych.auckland.ac.nz/en/about/our-research/research-groups/new-caledonian-crow-cognition-and-culture-research.html で、さらにオックスフォード大学の行動生態学研究グループのウェブサイトを users.ox.ac.uk/~kgroup で検索してみることもお勧めです。研究論文、写真、ビデオなどが見つかりますよ。

Q：あなたが鳥小屋を訪問した際、カレドニアガラスの新しい実験が行われていたとあなたは述べておられますが、どんな結果であったのか教えていただけますか。

A：科学者たちによってそれらの実験結果が発表されれば、すぐにでも私のウェブサイト『カラスの知能（*Crow Smarts*）』のページに、そのニュースを掲載しますよ。きっと素晴らしい結果だと思われることを約束します。

小羽ちゃんはいつも空腹です。

Q：カラスが間抜けなことをしているビデオを見たいと思う場合はどうしたらいいですか。

A：それも考えましたよ。私のウェブサイト『カラスの知能（Crow Smarts）』のページは、学問的なカラスのビデオだけでなく、おかしくて、馬鹿げた、気味の悪いカラスのビデオへのリンクもあるのです。左利き母さんや小羽ちゃんのビデオも見られますよ。

Q：この道具使用の件はすべて実に素晴らしいものですが、道具を使用する動物に関する、あなたのお勧めの本は他にありますか。

A：恥を忍んで、道具を使うイルカに関する私自身の著書を勧めます。10歳児以上向けの『シャーク湾のイルカたち（原題：The Dolphins of Shark Bay）』（ホートン・ミフリン・ハーコート社、2013）です。

Q：カラスに関するその他の本はいかがですか。

A：子どもたちには、ローレンス・プリングルとボブ・マースタルの『カラス、この不思議で素晴らしいもの（原題：Crows! Strange and Wonderful）』（ボイズ・ミルズ出版、2010）を提案します。特に興味がある子どもたちのためには、ジョン・マーズラフが成人レベルの2冊の本を書いています。すなわち、『世界一賢い鳥、カラスの科学（原題：Gifts of the Crow: How Perception, Emotion, and Thought Allow Smart Birds to Behave Like Humans）』（アトリア、2012）（訳注：既邦訳あり）と、『カラスとワタリガラスと共に（原題：In the Company of Crows and Ravens）』（イェール大学出版、2005）です。マーズラフ博士は、48ページに述べた、プラスチック製のマスクを使って顔を認識するというカラスの能力の実験を行った科学者の1人です。

　間違いなくカラスに関する私のお気に入りの文献は、デイビッド・クアメンの短編『成功でカラスはだめになったか。世界一賢い鳥の謎の事件簿（原題：Has Success Spoiled the Crow? The Puzzling Case File on the World's Smartest Bird）』です。これは『自然のしわざ：横目で垣間見た科学と自然（原題：Natural Acts: A Sidelong View of Science and Nature）』（W. W. ノートン、2008）の中でも見つかります。このエッセーは実に気の利いたもので、私は「デイビッド・クアメン」自身が本当はノートパソコンをかかえたカラスではないかと思っているのです。

Q：本書の至る所になぜ『スター・ウォーズ』のセリフが出てくるのですか。

A：私は、幼虫をジャバ・ザ・ハットと呼ぶことを思いつき、それで雪だるま式に増えてしまいました。もしあなたが**スター・ウォーズ**の言及を全部見つけたよ、と得意になっているなら、私が言えることは、「いいね。でも調子に乗るなよ」（訳注：スター・ウォーズに出てくる台詞）ですね。

Q：もうあなたには、書けるページスペースもなくなりかけていると思いますが、ここで感謝したい人はいませんか。

A：はい、います。まず最初は写真家のアンディ・コミンズですね。それから本書の出版を可能としてくれたことに対し、ギャビン・ハントに感謝したいと思います。初めて連絡を取ったときから原稿と写真の見直しまで、ギャビンは常に親切で、忍耐強く私たちを助けてくれました。彼と知り合い、こうして彼の話を語ることができるのは大きな喜びでした。グイード・デ・フィリッポは、鳥小屋サイドのカラス研究全般にわたって案内してくださり、さらにこの若者の科学者としてだけでなく、画家としての素晴らしい才能に出会えたことは、予期しない大きな賜物となりました。さらにオークランド大学チームの他のメンバーである、ラッセル・グレー、アレックス・テイラー、サラ・ジェルバート、ヴェロニク・モンジョは舞台裏で、惜しみない援助を提供してくれました。アドルフとトリー・オウエッ

チョは、彼らの家を開放してくださり、彼らの考えも共有させていただいたことを感謝します。オックスフォード大学のアレックス・ケセルニクには、ご親切にもわざわざ彼の研究用の写真の一部を使わせていただいたことで、私たちは必要な画像を見つけることができました。またさらなる写真を提供してくださった、ギャビン・ハント、ブライアン・マックラッチー、サラ・ジェルバート、アレックス・ケセルニク、ジェニファー・ホルツハイダー、ドン・スプレヒト、スティーブ・ブルーム諸氏に多大な感謝の気持ちを伝えたいと思います。また、特にカラスに対して興味を持っていない人たちにも、確かな理解が可能なように、原稿の見直しをしてくださった親友の、デボラ・アンダーウッド、キーリー・パラック、キャロル・ピーターソン、ナンシー・ハンフリー・ケース、レスリー・マンドロス・ベルに感謝したいのです。さらに初めから終わりに至るまで、本書の方向性を示してくれた編集者のエリカ・ザッピーに特別の感謝状を贈りたいと思います。デザイン担当チームのホイットニー・リーダー‐パイコウンおよび有能な画像配信会社のYAY！（やった！）（訳注：一種のかけことば）の人たちには、私たちが誇りに思える書を創り上げるために多くの時間を割いていただきました。また3週間の私たちのニューカレドニアでの滞在期間中に、留守宅を守ってくれた理解ある我が夫のロブ・タウンセンドに感謝しています。

　また最後に、すべてのカラスたちにありがとう。あなたたちこそ、最良の、最も賢い者たちですよ。

ギャビンはカラスの小島の砂浜に上陸します。

一部のカレドニアガラスは多くの種類の道具を使用しますが、どのカラスたちにも、ほぼいつも使っている自分好みのタイプの道具があるようです。

参考文献

Bentley-Condit, Vicki K., and E. O. Smith. "Animal Tool Use: Current Definitions and an Updated Comprehensive Catalog." *Behavior* 147, no. 2(2010): 185–221.

Emery, Nathan J., and Nicola S. Clayton. "The Mentality of Crows: Convergent Evolution of Intelligence in Corvids and Apes." *Science* 306 (December 10, 2004): 1903–7.

Holzhaider, Jennifer C., Gavin R. Hunt, and Russell D. Gray. "The Development of Pandanus Tool Manufacture in Wild New Caledonian Crows." *Behavior* 147 (2010): 553–86.

Holzhaider, J. C., M. D. Sibley, A. H. Taylor, P. J. Singh, R. D. Gray, and G. R.Hunt. "The Social Structure of New Caledonian Crows." Animal *Behaviour* 81 (2011): 83–92.

Hunt, Gavin R. "Manufacture and Use of Hook-Tools by New Caledonian Crows." *Nature* 379 (January 18, 1996): 249–51.

Hunt, Gavin R., Michael C. Corballis, and Russell D. Gray. "Laterality in Tool Manufacture by Crows." *Nature* 414 (December 13, 2001): 707.

Hunt, Gavin R., and Russell D. Gray. "Diversification and Cumulative Evolution in New Caledonian Crow Tool Manufacture." *Proceedings of the Royal Society B* 270 (2003): 867–74.

———. "The Crafting of Hook Tools by Wild New Caledonian Crows." Proceedings of the *Royal Society B* (Suppl.) 271 (2004): S88–90.

Jelbert, Sarah A., Alex H. Taylor, Lucy G. Cheke, Nicola S. Clayton, and Russell D. Gray. "Using the Aesop's Fable Paradigm to Investigate Causal Understanding of Water Displacement by New Caledonian Crows." *PLOS One* (March 26, 2014).

Kenward, Ben, Christian Rutz, Alex A. Weir, and Alex Kacelnik. "Development of Tool Use in New Caledonian Crows: Inherited Action Patterns and Social Influences." *Animal Behaviour* 72 (2006): 1329–43.

Rutz, Christopher, and James J. H. St. Clair. "The Evolutionary Origins and Ecological Context of Tool Use in New Caledonian Crows." *Behavioral Processes* 89 (2012): 153–65.

Stout, Dietrich, and Thierry Chaminade. "Stone Tools, Language and the Brain in Human Evolution." *Philosophical Transactions of the Royal Society B* 367 (2012): 75–87.

Taylor, Alex H., Douglas Elliffe, Gavin R. Hunt, and Russell D. Gray. "Complex Cognition and Behavioral Innovation in New Caledonian Crows." *Proceedings of the Royal Society B* 227 (2010): 2637–43.

Thompson, F. R. "Factors Affecting Nest Predation on Forest Songbirds in North America." *Ibis* 149, issue supplement S2 (November 2007): 98–109.

Tron, François M., Romain Franquet, Trond H. Larsen, and Jean-Jérôme Cassan, eds. *A Rapid Biological Assessment of the Mont Panié Range and Roches de la Ouaième Region, Province Nord, New Caledonia.* Arlington, Va.: Conservation International, 2011.

Wier, Alex X., Jackie Chappell, and Alex Kacelnik. "Shaping of Hooks in New Caledonian Crows." *Science* 297 (August 9, 2002): 981.

写真

下記を除きすべての写真はアンディ・コミンズによる。

14（チンパンジー）：Steve Bloom/SteveBloom.com

15（ミシシッピ・ワニ）：Copyright © Dipartimento di Biologia Evoluzionistica, Firenze Italia, reprinted by permission of Taylor & Francis Ltd, www.tandfonline.com on behalf of Dipartimento di Biologia Evoluzionistica, Firenze, Italia

15（バンドウイルカ）：Pamela S. Turner

16（ククイノキの実の殻）：Brian McClatchy

20（カグー）：Dr. Gavin Hunt

21（道具）、31（葉、道具）、39（道具）：Dr. Gavin Hunt, University of Auckland

44（カラスとタコノキの道具）Jennifer Holzhaider, University of Auckland

52・53（カラスのベティさん）、56（ベティさんの娘のウェックさん）：Alex Kacelnik, Oxford University

55（Uの字型の筒の実験）；Sara Jelbert, University of Auckland

翻訳者あとがき

　読者の皆さんはまず、本書に登場するカラスの鳴き声が「カァー」でなく「ワァー」となっていることに驚いたり、違和感を抱いたことでしょう。しかし、本書の主役である南太平洋のニューカレドニアに住むカラスは、日本のカラスとは異なり、本当に「ワァー、ワァー」または「ワァッ、ワァッ」と鳴くのです。

　実は、こんなことを皆さんに今でこそ知ったかぶりして語っている私も、アメリカのノンフィクション・ライターによる本書を知るまで、ニューカレドニアのカラスの鳴き方が日本のカラスとは違うことを知らず、原書で *Waah!* とか *Waak!* となっていたので驚きました。アメリカやヨーロッパ、アジアのカラスの鳴き声については、海外への学術出張などの際に聞いたことがありましたが、日本のものとは多少異なるものの、ほぼ日本のカラスの「カァー」に似ていました。しかし私は、一度もニューカレドニアに行ったことはなく、その島に生息するというカレドニアガラスの鳴き声は聞いたことがありませんでした。本書の「ワァー」という鳴き方にびっくりした私は、いっそ著者のパメラ・S. ターナーさんに聞いてみようとも思いましたが、しかしそのときはまだ翻訳出版が決定していない段階、つまり私も一読者として楽しんでいた段階でしたので、それはあきらめていました。

　その後、後述のいきさつを経て本書の翻訳出版が決まり、制作作業に入ったのですが、鳴き声については確認すべきこととして、心に引っかかっていました。そんな折も折、制作初期の段階で本書の編集担当者である緑書房の池田俊之さんからも「カラスの鳴き声がワァーという表現になっていますが、大丈夫でしょうか」という相談が寄せられました。私はさっそくインターネット上で動画を探し、カレドニアガラスの鳴き声を聞いてみました。繰り返し何度も聞きましたが、やはり日本のカラスとはかなり異なる「ワァー」という（あたかも子犬が吠えているような）鳴き声だったのです。私はさっそくその旨を池田さんにメールしたところ、彼も資料を探していたようで、間もなく彼からNHKの人気番組でカレドニアガラスが紹介された回を収めたDVDマガジン『ダーウィンが来た！生きもの新伝説 DVD ブック 2011 年5月25日号（朝日新聞出版）』が送られてきました。そして、そのDVDを視聴すると、カレドニアガラスの鳴き声が何度も聞き取りやすく録音されていて、確かに「ワァー」と鳴いていたのです。これでニューカレドニアのカラスの鳴き声は「カァー」ではなく、「ワァー」であることが疑いの余地なくはっきりしました。

　そんなわけで、もし皆さんが「どうもそんな話は信じられない。ニューカレドニアであろうが、カラスはカラスなのだから、カァーと鳴くはずだ」とおっしゃるのであれば、私と同じ方法で鳴き声を確認されることをお勧めします。

　さて、私が特にカラスに興味を抱くようになったのは、ここ5年ほどのことです。以前から野外でカラスを見かけることは多くありました。というのは、狩猟を長年の趣味とし、ハンターとして野山や湖沼を散策してきたからです。ただし、私の狙いは主としてカモなどでしたから、カラスは頻繁に見かける存在であったもののほとんど無視してきました。

　しかし数年前、私の住む町のある牧場でカラスの被害が多発し、役所を通して私が所属する猟友会に駆除の要請がありました。ところで皆さんは、牧場でのカラスの被害と聞いてもにわかには信じられないかもしれません。でも、カラスの被害は思いのほか深刻なのです。

　私が駆除の要請を受けた牧場は、町はずれの森の中にありました。牧場主から聞くところでは、カラスの大群が朝一番で牛舎にやってきて、牛たちを攻撃するとのことでした。子牛が目やお尻を突かれ、その傷が化膿して死んでしまったり、雌牛の乳房がカラスのくちばしで切り裂かれ、乳の出が悪くなったりといった被害が出ていました。また近くには豚の牧場もありましたが、そこでもカラスにエサを横取りされる被害が出ている

とのことでした。私が初めて現場に出かけたときも、確かに、ハシボソガラスやハシブトガラスが数百羽単位で群れていました。

そのときは軽い気持ちで駆除の要請を引き受けたのですが、最初はほとんどカラスが獲れませんでした。本書のカレドニアガラスと同様、牧場を襲うカラスも実に利口だったからです。カラスたちは、牧場の従業員の車には何の反応も示さないのですが、私の車を見ると一斉に逃げ出したのです。どうもカラスたちは、私の車を危険なサインとして認識しているようでした。

しかし、そんなカラスにも賢さゆえの弱点がありました。それは、彼らの旺盛な好奇心と言語能力を逆手にとれることでした。初めは失敗続きでしたが、少しずつ工夫を重ね、カラスのデコイ（模型）を手作りして並べたり、幾種類かの概念を意味するカラス語によるカラス・コールを使い分け、カラスに聞かせておびき寄せることができるようになったのです。有効な方法を見つけてからは、駆除の効果が上がり、牧場の被害をかなり減らすことができました。

その経験の中でさらに驚いたことがあります。それは、危険を察知したカラスたちの記憶力の良さと、危険情報を仲間たちと伝えあっているとしか思えない、言わば彼らの社会性です。私は「カラスがいくら利口だといっても、彼らの記憶もさほど長い期間はもたないはずだから、駆除活動によっていったんは減った牧場の被害も、ほとぼりが冷めたころにはまた増えてくるだろう」と考えていました。しかし4〜5年経った今も、牧場を縄張りとしているそこの"居つきの"カラス以外は牧場に戻ってこようとはしません。私の推測では、おそらく「あの牧場は危険だぞ」というメッセージが、カラスの群れの中で受け継がれているのではないかと思います。どうやらカラスには侮れない高い学習能力、記憶力、社会性があるようです。いずれにせよ、私の駆除活動は成果が上がり、被害が少なくなった牧場の主人からはたいへん感謝されました。

ともかく、このような経験を通し、私はカラスに大いに興味

がわき、カラスに関する国内外の書籍を読んだり、常日頃からカラスを注意深く観察するようになりました。大げさに言えば、私の人生の中でカラスが大きな位置を占めるようになったのです。そんな中、今回翻訳し日本の皆さんに紹介できた本書にも出会いました。本書の内容に感激した私はさっそく試訳し、カラス研究の第一人者である宇都宮大学の杉田昭栄先生に読んでいただきました。すると杉田先生は「たいへん面白く、学術的にも意義が大きいと思われるので、ぜひ翻訳を進めるべきだ」と激励してくれました。さらには、ハンターとしてカラスに多少接してきたとはいえ、専門的な知識のない私の疑問に対し、動物形態学や神経解剖学、または動物行動学的な視点から数々のご指摘をくださいました。加えて、自然科学書、特に生き物に関係する良書を数多く出版している緑書房を紹介していただき、今回の翻訳出版が実現するに至りました。

本書では、道具を使うだけでなく、作り、加工するカレドニアガラスの能力が、現地での豊富で綿密なフィールドワークを通して紹介されています。また、カレドニアガラスが持つ様々な能力について調べた、オークランド大学やオックスフォード大学、ワシントン大学などの研究者による的確な実証が紹介されていますが、いずれも驚くべき結果が示されています。さらには、豊富に掲載されている美しい写真や挿絵から、カレドニアガラスの生態や、カレドニアガラスが実験に挑む様子を楽しみながら知ることができる点も、本書の大きな魅力です。読者の皆さんに大いに楽しんでいただけたなら、翻訳者として何よりの喜びです。

本書についてのご意見やご指摘、またカラスについて発見したことなどがありましたら、どうかご一報ください（sube@ssu.ac.jp）。カラスを愛する皆さまからのメッセージが、このカラスの書籍を翻訳した者として一番の幸いになるでしょう。

翻訳者　須部宗生

解説

　本書は、ムニン君というカレドニアガラスが難問を突き付けられている場面から始まります。どんな難問かというと次のような問題です。棒状の針金をフックのように曲げて、くちばしだけでは届かない容器からエサを引き上げることができるのか？　見えるけれど狭すぎる隙間にあるエサを取るためには、目の前のくちばしが届かない格子箱の奥にある棒を使わなければならないが、はたしてその棒を取ることができるのか？　読者はカラスであるムニン君にそれが解決できるのか思わず興味を持ってしまいます。

　と思ったら、話の舞台は一気に才能豊かなカラスたちが棲む、南太平洋に浮かぶ広大で自然豊かなニューカレドニアに移ります。ここからは、小羽ちゃんという子ガラスとその両親と思われるカラスが、自然の中で道具を使ってカミキリ虫の幼虫を捕る様子や、親から学ぶ子ガラスの学習過程が動物行動学・心理学的な科学の視点から描かれます。また、カラスの愛くるしい行動や、南太平洋の青空と豊かな自然が豊富な写真とともに描写され、読者の心をニューカレドニアまで運んでくれます。

　さて、カラスは昔からいろんなところで賢い鳥として登場することが多いのですが、本書に出てくるオークランド大学チームのカレドニアガラスの研究は、まさにそのカラスの知能の高さを逸話でもなく、観察記録でもなく、カラスの思考プロセスを解析できる実験を組み立て、科学として証明しています。本書は、その研究の様子をカラスの目線と洞察の鋭い動物行動学的側面から描いていますので、読者が自然の中でカラスを観察しているような気持ちでいながら、最先端の研究室で行う認知科学を自然に理解していけるように展開されます。

　私がカレドニアガラスの道具使用について知ったのは2002年のころです。私がカラスの研究を始めてまだ間もない時期でした。カラスの知能行動に関する文献を探していたら、科学雑誌の二大巨頭であるサイエンスとネイチャーにカレドニアガラスに関する論文が掲載されていたのです。その内容は、本書にも出てきますが、1つはカラスには利き手のようなくちばしの使い方があるという発見、もう1つは針金を曲げてくちばしが届かない狭い筒からエサを引き上げる思考ができることを明らかにしたという論文です。特に後者は、イソップ物語の話を科学で証明したようなものですから、とても愉快に読んだ覚えがあります。

　参考までに、イソップ物語には、くちばしが入らない水差しの水を飲みたくなったカラスが、思案のはてに周囲の小石を水差しに入れ水嵩を上げて飲む話があります。いずれにしても、すごい発見だと思って読みました。当時は、道具使用といえば、チンパンジーなど非常に限られた動物の行いと勝手に思い込んでいたのです。したがって、カレドニアガラスの研究成果は、私ばかりでなく多くの科学者にインパクトを与えました。

　ちょうどそのころ、鳥の脳の見方にも大きな変革がありました。

　実はそれまで、鳥の脳 'birdbrain' はあまりいい例えに使われず、少し知恵が足りない人を揶揄するような場合に "You're such a birdbrain !" などとして表現されていました。日本の「ニワトリは三歩歩けば忘れる」と似たようなものでしょう。このように鳥類の脳の位置付けは哺乳類に比べたら一段低いところにありました。その理由は次のようなことです。鳥の大脳全体が、哺乳類の脳においては知能に関わらない大脳奥底の中心部にある線条体が特殊に発達して形成されていることと、哺乳類において学習や知能行動を司る大脳皮質に相当する部分がないことから、知能の程度もさほど高くないと考えられてきたからなのです。

　ところが、鳥の脳に関する考え方が 2004 年に大きく変わりました。それまでは、哺乳類の脳が持つ線条体が特化して大脳を形成していると考えられていたため、鳥の大脳を構成するほとんどの部分に線条体という名が当てはめられていました。つまり、鳥の大脳のほとんどが、哺乳類の脳の底にある知能

には関わらない部位と同じという位置付けになっていたわけです。それに対し2004年以降は、線条体と呼ばれていたほとんどの部位は哺乳類の外套（皮質）に相当することが分かり、各細胞層に外套という名称がつけられたのです。

すなわち、鳥類も学習、記憶、判断など知的機能を司る哺乳類の大脳皮質に相当する部位を名実ともに得たことになります。このことは、本書の33ページ付近にも図解で示されています。まさに、行動学的にも脳機能科学的にも21世紀初頭は知能行動学の分野にチンパンジーやオランウータンに勝るとも劣らない鳥が登場することになります。その立役者が本書で読者を楽しませてくれるカレドニアガラスです。

それでは、本書の主役であるカレドニアガラスを研究したギャビン・ハントの案内にしたがって本書の見どころを紹介していきます。ギャビンは、カラスの棲息地に入り込んで、カレドニアガラスをいたずらに驚かさないように非常に用心深く静かに観察しています。それと同時に、確かめたい能力を上手く引き出すような様々な工夫をしています。自然の中で動物を研究するギャビンの姿は、動物の研究者になりたいと思う人にはとても参考になります。

例えば、カレドニアガラスが枯れ木に棲むカミキリ虫の幼虫を好んで、葉の周辺を取った葉柄を虫の棲む穴に入れて吊り上げることを知って、恐れられないように自然に似せたエサ場を創作し、カモフラージュしたテントからカラスに気づかれないように観察する場面です。野生動物の観察は、動物が来やすい環境を作り、自分は空気のようになり、気づかれずにいることで、動物の真の行動に迫ることができます。読み進めるうちに読者も自然と観察者のような気持ちになるでしょう。

さて、本書にはカラスが親から生きる知恵を学ぶ過程がとても興味深く描かれています。それと同時に、エサの捕獲を教える親ガラスの仕草からも科学的解析に必要な情報を克明に得ています。左利き母さんが親として登場しますが、ギャビンはエサを捕獲する葉柄の使い方から小羽ちゃんのお母さんが左

利きであることを突き止めます。この発見は、哺乳類、いや我々人間の脳機能解明においても「右脳左脳」の各機能の優位性を調べる研究につながるホットなものです。カレドニアガラスには、その謎を解くヒントがあるのかもしれないことを紹介しているのです。一方、左利き母さんのエサとりを見て学ぶ小羽ちゃんの姿を通して、カラスに「模倣学習」が成り立っていることを知ることもできます。

模倣学習とは、かなり知能がある動物がいわゆる「カンニング」によって体験を飛び越えて能率よく学習することです。カレドニアガラスにその資質が備わっていることを小羽ちゃんは見事に示しているのです。

35ページには、その小羽ちゃんがついに自分で道具を使ってエサを捕獲することに成功したシーンが描かれています。小羽ちゃんが、親が置いていった道具の1つを使ってお母さんと同じように幼虫を捕まえる場面です。その描写からは、科学的に観察することに加え、生き物が命をつなぐ営みを非常に温かいまなざしで観察する、一流の動物行動学者の姿勢も見ることができます。もっとも、これは科学者の観察眼と著者のパメラ・S．ターナーの描写力との素晴らしい調和の結果でもあります。

このようにニューカレドニアのフィールドで物語は展開していきますが、後半はさらにカレドニアガラスの能力を紹介するために、楽しくデザインされた課題に取り組む実験小屋に舞台は移ります。そこでは、イソップ物語のカラスの賢さをはるかに超える難題を解決するムニン君というカラスが登場します。

難題とはこの解説の冒頭で紹介したものです。さて、ムニン君は難題を解決したのでしょうか？　実は、見事に難題を解決したのです。難題はくちばしの入らない格子箱の中の棒を取り出し、その棒を使いくちばしの入らない隙間にある肉片を引き出さないと食べられないという設定でした。本書のこの実験の部分を読めば、過酷な条件であることが分かります。この成功には論理的に先を読む力が必要でした。つまり、肉片を引き出

81

す棒を取るためには、目の前に置かれた格子箱の中にある長い棒を引き出さなければなりません。

　そのためには、ムニン君は、まず止まり木にひもで吊り下げられた短い棒を引き上げて棒を取り、それを利用して格子箱にある長い棒を引きだす必要があります。単純に、止まり木に吊り下げられたひもを手繰り寄せて棒を得るだけでも頭を使います。ところがムニン君は、①ひもを手繰りよせて短い棒を得る、②その棒を使い格子箱の中の長い棒を手に入れる、③その長い棒を使ってアクリル製の箱の奥にある肉片を引き出すという３行程に組まれた複雑な実験を見事にこなします。この行程で、ひもで吊られていた棒を得た段階で肉片を取りに行かなかったのが極めつけです。ムニン君は格子箱の長い棒でなければ最終的にエサを取れないことが分かっていたのです。カラスにも論理的に先を読む思考があることを証明した瞬間が描かれているのです。

　さらに、本書で紹介されているオックスフォード大学の研究グループによる実験では、カレドニアガラスは、同じような試験を受けた人間の６〜７歳の子どもの７割が解決できなかった問題を見事に解くことができることを証明しました。この素晴らしい能力を持つカラスを、冒頭部において「人間が翼を持ち黒い羽をまとっても、カラスほど聡明になれるものは少なかろう」という一文で表しています。

　最後に、驚くほどの知的な行動を見せてくれたカラスたちは、研究者であるギャビンと地元で彼の手伝いをしているアドルフによって実験小屋から生まれ故郷の小島に放たれます。自然環境に巧みに適応して道具を使う知能と文化の存在をも示してくれた誇り高きカレドニアガラスを小さな世界に留めず、彼らをもっと深い未知なる世界に戻してやる姿勢には、自然を相手に科学を探求する者には学ぶべきことが大いにあります。

監訳者　杉田昭栄

著者
パメラ・S．ターナー (Pamela S. Turner)

若者向けのノンフィクション作家。主な著書に『ゴリラの獣医師たち（原題：*Gorilla Doctors*)』『カエルの科学者（原題：*The Frog Scientist*)』『タツノオトシゴ・プロジェクト（原題：*Project Seahorse*)』『シャーク湾のイルカたち（原題：*The Dolphins of Shark Bay*)』など。カルフォルニア州のリンゼー野生動物リハビリ病院でボランティア活動に従事し、親のいない赤ん坊ガラスを育てて放鳥する活動なども行っている。

撮影
アンディ・コミンズ （Andy Comins）

カルフォルニア州を拠点として活動する写真家。子どもたちに自然の素晴らしさを伝える活動を精力的に行っている。

監訳者
杉田昭栄 （すぎた しょうえい）

1952 年岩手県生まれ。宇都宮大学農学部畜産学科卒業。千葉大学大学院医学研究科博士課程修了。宇都宮大学農学部生物資源科学科動物機能形態学研究室教授、東京農工大学大学院連合農学研究科教授（併任）。医学博士、農学博士。専門は動物形態学、神経解剖学。ふとしたきっかけで始めたカラスの脳研究からカラスにのめりこみ、現在は「カラス博士」と呼ばれている。主な著書に『カラスとかしこく付き合う法』（草思社）、『カラス─おもしろ生態とかしこい防ぎ方 』（農山漁村文化協会）、『カラス なぜ遊ぶ 』（集英社）など。

翻訳者
須部宗生 （すべ むねお）

1947 年静岡県生まれ。上智大学外国語学部英語学科卒業。明治大学大学院文学研究科英文学専攻修士課程修了。静岡県の県立高校で教鞭をとった後、静岡学園短期大学英語コミュニケーション学科助教授、静岡産業大学情報学部教授、同大学経営学部教授、早稲田大学商学部非常勤講師を経て、現在は静岡産業大学経営学部特任教授を務める。専門は言語学、辞書学、日英表現比較、小学校英語教育、音象徴。主な著書（分担執筆）に『新編英和活用大辞典』（研究社）、『和英大辞典』（同）など。英語関係の学術論文を多数発表するとともに、幅広い分野の書籍の翻訳に携わる。また、40 余年にわたり静岡県猟友会浜北分会に所属し、カラスの野外観察経験も豊富である。

道具を使うカラスの物語

2018年2月20日　第1刷発行 ©

著　者 ……………… パメラ・S．ターナー
監 訳 者 ……………… 杉田昭栄
翻 訳 者 ……………… 須部宗生

発 行 者 ……………… 森田　猛
発 行 所 ……………… 株式会社 緑書房
　　　　　　　　　　〒 103-0004
　　　　　　　　　　東京都中央区東日本橋2丁目8番3号
　　　　　　　　　　TEL 03-6833-0560
　　　　　　　　　　http://www.pet-honpo.com

日本語版編集 ……………… 池田俊之、加藤友里恵
組　　　版 ……………… アクア
印刷・製本 ……………… 図書印刷

ISBN 978-4-89531-324-7　　Printed in Japan
落丁、乱丁本は弊社送料負担にてお取り替えいたします。
本書の複写にかかる複製、上映、譲渡、公衆送信（送信可能化を含む）の各権利は、株式会社 緑書房が管理の委託を受けています。

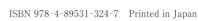
〈（一社）出版者著作権管理機構 委託出版物〉
本書を無断で複写複製（電子化を含む）することは、著作権法上での例外を除き、禁じられています。本書を複写される場合は、そのつど事前に、（一社）出版者著作権管理機構（電話 03-3513-6969、FAX03-3513-6979、e-mail : info @ jcopy.or.jp）の許諾を得てください。また本書を代行業者等の第三者に依頼してスキャンやデジタル化することは、たとえ個人や家庭内の利用であっても一切認められておりません。